本书得到公众环境研究中心的支持

北京市科学技术协会
科普创作出版资金资助入围作品

Carbon TALK
一分钟说碳

低碳生活，尽在衣食住行

老C　中伍　小叶 / 著

DITAN SHENGHUO，JINZAI YISHIZHUXING

中国环境出版集团 · 北京

图书在版编目（CIP）数据
低碳生活，尽在衣食住行 / 老C，中伍，小叶著. 北京 : 中国环境出版集团，2025. 10. -- ISBN 978-7-5111-6356-1
Ⅰ. TK01-49
中国国家版本馆CIP数据核字第2025ZB8242号

责任编辑 丁莞歆
装帧设计 金　山

出版发行 中国环境出版集团
（100062　北京市东城区广渠门内大街16号）
网　　址：http：//www.cesp.com.cn
电子邮箱：bjgl@cesp.com.cn
联系电话：010-67112765（编辑管理部）
010-67147349（第四分社）
发行热线：010-67125803，010-67113405（传真）
印　　刷 北京鑫益晖印刷有限公司
经　　销 各地新华书店
版　　次 2025年10月第1版
印　　次 2025年10月第1次印刷
开　　本 880×1230　1/32
印　　张 5.75
字　　数 150千字
定　　价 58.00元

序　言

应对气候变化这场全球性挑战不仅需要国家战略与国际协作，更离不开公众日常生活的改变——从挑选一件衣服、准备一餐饭食到管理居家能耗、选择出行方式。如今，越来越多的公众和企业正将低碳理念融入日常生活与经营活动，可持续消费和减少碳足迹已成为全球共识。在我国，“双碳”目标不仅引领产业变革，更点燃了全民践行绿色生活的热情。公众的每一次选择都是推动绿色低碳转型的重要力量。

“零碳未来”系列科普漫画书秉持“让天下没有难懂的低碳科学”的初心，以“有趣、有料、严谨、搞笑”的独特风格致力于将气候变化的硬核知识转化为公众易于理解、乐于接受的轻松形式。该系列漫画在微信、微博、抖音、B站、人民号等平台通过“一分钟说碳”或“5分钟聊碳”账号发布后广受好评，累计已发布600余篇，阅读量突破1500万，并长期获人民日报客户端推荐，其创作团队也蝉联“年度优秀自媒体创作者”称号。该系列的首本漫画精选合集《一分钟扯碳——碳达峰、碳中和，你想知道的全都有！》入选中国科普作家协会百种优秀科普图书，后续作品更荣膺生态环境部“科技成果科普转化优秀案例”，并入围北京市科学技术协会科普创作出版资金资助项目，还登上了《联合国气候变化框架公约》第28次缔约方大会（COP28）中国角“气候书单”。

本书是“零碳未来”系列科普漫画书的最新力作，聚焦与我们息息相关的衣食住行四大领域。低碳生活服装篇，揭秘衣物全生命周期的“碳足迹”，剖析关键高碳环节，探讨可持续时尚与低碳穿着。低碳生活食品篇，审视饮食选择的气候影响，揭示食物浪费的巨大碳代价。低碳生活住宅篇，通过识别家庭中的“排碳刺客”，助力打造绿色家居。低碳生活出行篇，引导低碳旅程规划，推广绿色出行方式，让移动更环保。

我们相信，低碳生活并非遥不可及的理念，而是蕴藏在每一次的精明购物、每一餐的光盘行动、每一回的节能选择和每一程的绿色出发之中。本书旨在通过轻松幽默的漫画语言和专业严谨的知识内核，为您提供一套覆盖生活全场景的“低碳生活指南”，让践行绿色生活变得简单、有趣。

“零碳未来”系列科普漫画书将继续努力，创作更多优质科普内容。敬请广大读者朋友们批评指正，并持续关注我们的新作，共同学习、共同行动，为守护我们的地球家园贡献一份绿色的力量。

老C、中伍、小叶

目录

CONTENTS

低碳生活服装篇

低碳生活食品篇

低碳生活住宅篇

低碳生活出行篇

低碳生活
服装篇

你的衣服低碳吗？

目前，全球纺织生产每年产生的碳排放约为12 亿吨二氧化碳（CO_2）当量，已经超过了国际航运和海运之和。

其中，超过 60% 的纺织品用于服装行业，并且大部分服装制造发生在中国和印度。与此同时，洗衣服产生的废水每年会向海洋释放 50 万吨超细纤维——相当于 500 亿个塑料瓶。

全球每年可生产约 1000 亿件衣服，平均一件衣服要排放 12 千克二氧化碳。

因原材料种植及供应链的差异，
各种材料材质的碳排放量的具体数值会有所不同。
在材料的选择上，亚麻和羊毛分别是碳排放量最低和最高的面料，
而棉和丝绸介于中间。

生产 1 千克亚麻面料平均排放
16.2 千克二氧化碳

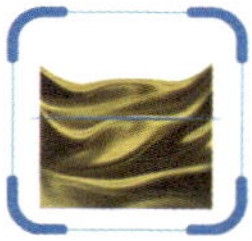

生产 1 千克丝绸面料平均排放
18.7 千克二氧化碳

生产 1 千克棉质面料平均排放
18.1 千克二氧化碳

生产 1 千克羊毛面料平均排放
23.6 千克二氧化碳

亚麻是碳排放因子最低的一类纺织面料，因为其在种植、纺线、织布过程中的碳排放量都很低。

一件重约 500 克的亚麻衣物，假设它在法国生产原料，在中国制作成衣，那么它在生产阶段就会排放 8 千克二氧化碳。

若其使用寿命为 2 年，期间用洗衣机洗涤过 100 次，每次洗后都用烘干机烘干。这样算下来，它在使用阶段所消耗的能量大约是 70 千瓦时，相当于排放了 41 千克二氧化碳。

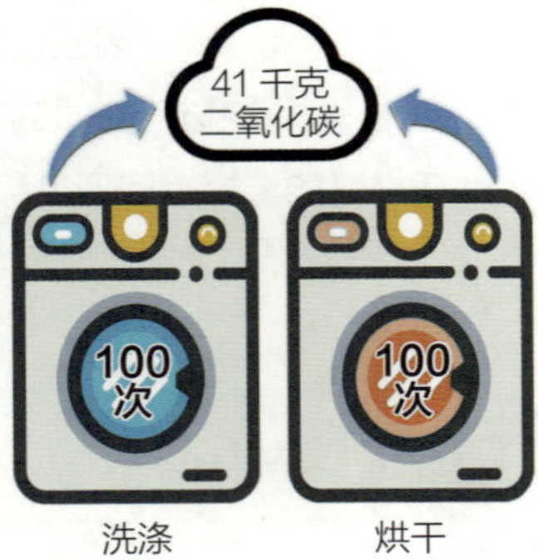

那么，这件亚麻衣物“一生”的碳排放量约为 49 千克二氧化碳。

以羊毛（或其他反刍动物的皮毛）为原料的纺织面料的碳排放因子最高，因为牲畜在饲养过程中会排放大量的温室气体[主要为甲烷（CH_4）]。

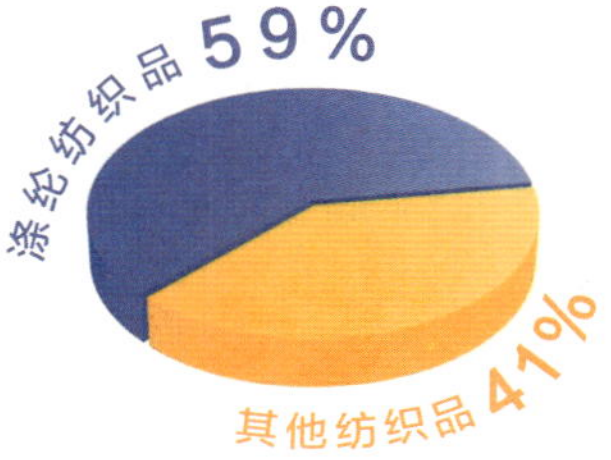

涤纶（聚酯纤维）现在是服装中最常用的材料。2015 年，用于纺织品的涤纶产生了超过 7.06 亿吨的二氧化碳，占所有纺织服装业碳排放的 59%。

涤纶是由石油等原料人工合成的，因此其消耗的能源和产生的污染物相对较多，但具体的碳排放量会根据其产地的不同而有所差异。

对于相同面料的衣物，浅色衣物的碳排放因子更低，因其染色流程相较深色衣物更少。

参考文献

[1] 中国城市温室气体工作组.中国产品全生命周期温室气体排放系数集（2022）[R/OL]. 北京: 2022. http://lca.cityghg.com/.

[2] The price of fast fashion [J]. Nature Climate Change, 2018, 8: 1.

[3] Gomez-Campos A, Vialle C, Rouilly A, et al. Flax fiber for technical textile: a life cycle inventory [J]. Journal of Cleaner Production, 2020,281:125177.

[4] Barber A, Pellow G. Life cycle assessment: New Zealand Merino industry, Merino wool total energy use and carbon dioxide emissions[R]. The Agribusiness Group: Canterbury, New Zealand, 2006.

[5] 冯文艳, 张庆娟, 丁雪梅. 精纺羊毛织物工业碳足迹核算 [J]. 毛纺科技, 2015, 43(5): 62-65.

[6] Morgan McFall-Johnsen. These facts show how unsustainable the fashion industry is [EB/OL]. (2020-01-30) [2022-03-30]. https://www.weforum.org/agenda/2020/01/fashion-industry-carbon-unsustainable-environment-pollution/.

怎样穿才低碳时尚？

虽说亚麻和羊毛分别是碳排放量最低和最高的面料，但并不是倡导公众只买亚麻衣物，不买羊毛衣物。

最有效的减排方式还是按需购买，并尽量延长衣物的使用寿命。羊毛的碳排放因子虽然很高，但是如果可以穿着多年，就比不耐穿的其他材质要更加低碳了。

2000—2015 年，服装销售量翻了一番，而服装的平均穿着次数减少了 36%。如果一件衣服的平均穿着次数能够增加 1 倍，其温室气体排放量就会减少 44%。

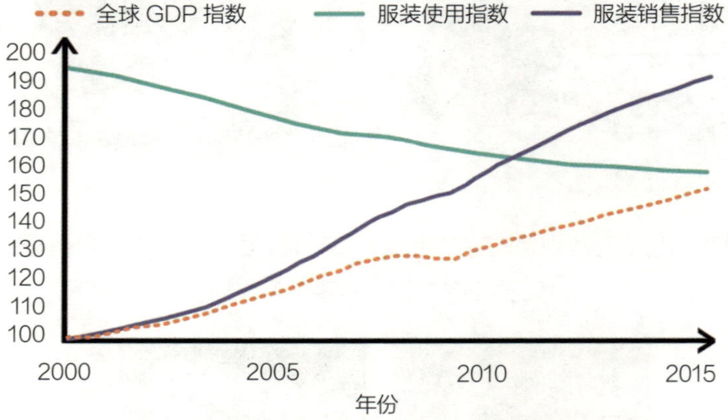

2000—2015 年服装销售量增长而使用率下降

如果能减少购买量，那就更好了。以每人每年少买一件衣服为例，如果少买一件 500 克的衣服，即使是最低碳的亚麻衣物，也能减少 8 千克的二氧化碳排放。

假设全国有1%的人每年少买一件衣服，其减少的碳排放量就是11.2万吨。

但目前服装浪费的现象极其严重。2000—2015年，全球衣物的销售量从500亿件增至1000亿件，而同期每件衣物穿着的次数下降了36%。

目前，全球只有13%的衣服被回收，其中被制成新衣的不到1%。在美国，每年服装鞋帽的废弃数量从1960年的约140万吨激增至2018年的逾1300万吨，其中约七成最终被填埋，只有13%被回收制成新衣或用于其他用途。

除了减少购买量，对于已经购买的衣物，该怎样穿着才更低碳呢？

一是让衣服自然晾干，不要放进烘干机里。一件衣服有 80% 的碳排放是在清洗和晾干的过程中释放的，尤其是现在很多家庭开始使用烘干机，导致衣服干燥过程中的碳排放开始升高。

二是洗衣时用常温水，而不要用热水。使用温水 + 自然晾干可减少 80% 的二氧化碳排放量。

美国等一些发达国家已经在服饰上增加了“碳标签”，甚至给每件衣服提供了一个“身份证”，利用它可以追溯服装的整个生命周期，从而有助于减少浪费。

消费者扫描“身份证”后，可以获取衣物的造型建议、护理说明、转售信息，或者在衣物使用寿命快结束时，通过“身份证”对其进行回收。

参考文献

[1] 中国城市温室气体工作组.中国产品全生命周期温室气体排放系数集（2022）[R/OL]. 北京: 2022. http://lca.cityghg.com/.

[2] McKinsey & Company. Refashioning clothing’s environmental impact [EB/OL]. (2019-07-25) [2022-04-02]. https://www.mckinsey.com/business-functions/sustainability/our-insights/sustainability-blog/refashioning-clothings-environmental-impact.

[3] Ellen MacArthur Foundation. A new textiles economy: redesigning fashion’s future [R]. 2017.

[4] McKinsey&Company. Fashion on climate [R]. 2020.

[5] European Parliament. The impact of textile production and waste on the environment (infographic) [EB/OL]. (2020-12-29) [2022-04-02]. https://www.europarl.europa.eu/topics/en/article/20201208STO93327/the-impact-of-textile-production-and-waste-on-the-environment-infographics.

[6] Douglas Broom. This start-up is making digital passports… for clothes. Here’s what that means for the fashion industry [EB/OL]. (2021-05-18) [2022-04-02]. https://www.weforum.org/stories/2021/05/tracking-fashion-clothes-sustainable/.

浪费一件衣服会造成多少碳排放？

服装业其实是一个复杂的行业。一件衣服涉及长期和多样化的生产供应链——从原材料、纺织品加工制造、服装设计制作、运输、零售、消费者使用到最终被回收处理。

服装业带给环境的负面影响也是极大的，主要有 3 个方面。

一是水资源浪费和水环境污染。

服装业是全球第二大用水行业，产生了全球 20% 的工业水污染。

棉花是最常用的天然纤维，近 40%的服装都会用到它。棉花是非常消耗水的植物，也是世界上化学依赖性最强的作物之一。

生产一件棉衬衫大约需要 2600 升水。如果按照一个人每天喝 8 杯水计算，这些水量可以供其饮用 3 年半。生产一条牛仔裤大约需要 7500 升水，这足以让一个每天喝 8 杯水的人持续饮用 10 年。

在乌兹别克斯坦，棉花种植消耗了大量的水，这也成为咸海在 50 年的时间里就干涸了的原因之一。咸海曾经是世界四大湖泊之一，现在只不过是大片沙漠和几个小池塘。

纺织染色是世界上第二大水污染源。在漂白、染色、印刷、洗涤等过程中，化学品会从纺织品中浸出，而且染色过程中剩余的水经常被倒入溪流或河流中。

染色过程每年使用的水足以填满 200 万个奥林匹克赛事规模游泳池。整个服装行业每年可使用 930 亿立方米的水，这些水可以填满 3700 万个奥林匹克赛事规模的游泳池。

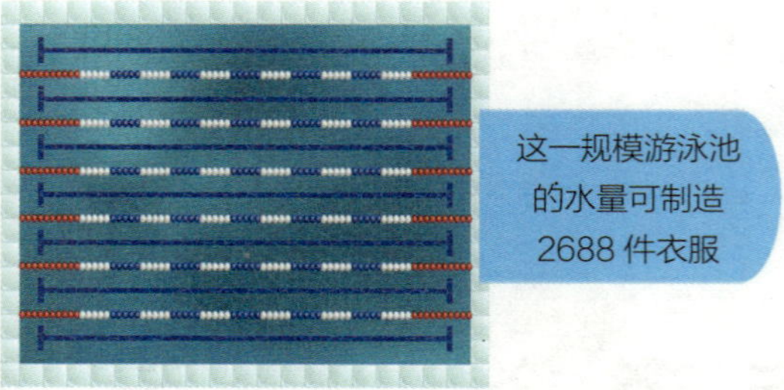

注：按全球每年制造1000亿件衣服、奥林匹克赛事规模游泳池的注水量为2500立方米计算。

与此同时，服装在清洗过程中每年会向海洋释放 50 万吨超细纤维，相当于 500 亿个塑料瓶。

洗衣过程排放的超细纤维中，许多是聚酯纤维。这种纤维存在于大约 60% 的服装中。世界自然保护联盟（IUCN）的报告显示，海洋中 35% 的微塑料（永远不会生物降解的非常小的塑料碎片）来自涤纶等合成纺织品的洗涤过程。

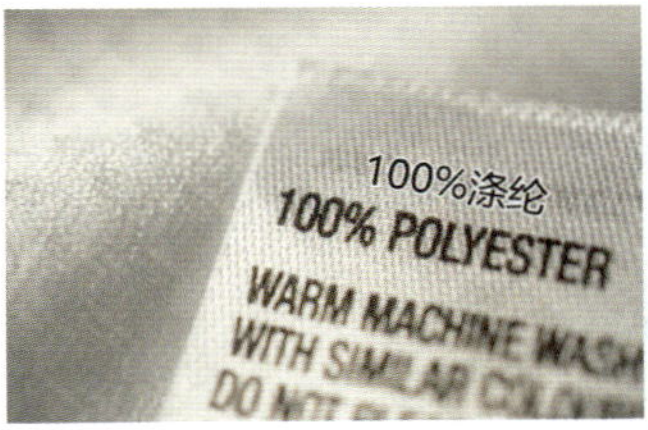

二是农药污染。

棉花种植中使用的农药也会带来巨大的污染。虽然全球只有 2.4%的农田种植了棉花，但棉花却消耗了近 10%的农业化学品和 25%的杀虫剂。

三是空气污染。

根据美国国家环境保护局（EPA）的统计，美国有七成的旧衣服会进入垃圾填埋场或焚化炉。

无论是天然纤维、棉、亚麻还是丝绸，甚至是植物纤维（人造丝、天丝、莫代尔）等半合成纤维，在焚烧时都会产生二噁英等有毒物质。

这些旧衣服被当作垃圾进行填埋时会产生温室气体甲烷。全球每年有超过 10 亿吨的旧衣服进入垃圾填埋场，仅废弃物处理就会产生 200 万吨二氧化碳排放，仅次于石油工业，平均每扔掉一件衣服就会带来 4 千克二氧化碳排放。

服装业目前占人类碳排放总量的 10%，这比所有国际航运和海运的总和还要多。如果服装行业继续按照目前的轨迹发展，那么到 2050 年其碳预算的份额可能会跃升至 26%。

参考文献

[1] 中国城市温室气体工作组.中国产品全生命周期温室气体排放系数集（2022）[R/OL]. 北京: 2022. http://lca.cityghg.com/.

[2] Morgan McFall-Johnsen. These facts show how unsustainable the fashion industry is [EB/OL]. (2020-01-31) [2022-04-12]. https://www.weforum.org/agenda/2020/01/fashion-industry-carbon-unsustainable-environment-pollution/.

[3] McKinsey & Company. Fashion on climate [R]. 2020.

[4] Claudio L. Waste couture: environmental impact of the clothing industry [J]. Environ Health Perspect, 2007, 115(9):A448-A454.

[5] CNN. Asian rivers are turning black. And our colorful closets are to blame [EB/OL]. (2020-09-29) [2022-04-12]. https://edition.cnn.com/style/article/dyeing-pollution-fashion-intl-hnk-dst-sept/index.html.

你会把食物穿在身上吗？

全球每年 10% 的温室气体排放和 20% 的饮用水浪费都与快时尚行业有关。如果不改变我们的行为方式，那么到 2050 年服装业碳预算的份额可能会跃升至 26%。

那么，我们能做什么呢？
当然是回收再利用和使用可持续面料。

通过对现有材料的回收再利用，服装业可以减少对棉花或石油等原材料的需求，也会减少能源消费和水资源消耗。使用 1000 千克再生棉纱可减少 6600 千克的二氧化碳排放，节约 2783 立方米的灌溉用水。

面料回收有两种途径。
一种是从旧衣服中回收面料，但程序很复杂。
首先，筛选出可重复使用的旧衣服。这些旧衣服将出口到第三世界国家。
其次，对不同面料的衣物进行分类。纺织品必须先按用途分类，再按织物类型分类（合成与天然），然后按颜色分类。
最后，机械破碎和制成新衣物。分类后的纺织品先被机械撕碎，再用来生产纤维，然后就可以用其制成新的织物了。

但事实上，很多旧衣物在被加工之前就被当作破布使用了。欧盟有大约35% 的捐赠衣物成为工业用布，用于填充家具、制作绝缘材料或地毯。

另一种是用其他回收材料制成再生织物。最常见的一种就是塑料瓶，它们经过各种处理后可以用来制作新的服装或其他纺织产品。

Repreve 是一家将废弃塑料瓶制成再生聚酯纤维的美国制造商，许多时尚品牌都用该公司生产的织物代替原始聚酯纤维。

Aquifil 公司用收集的废弃渔网和旧地毯来制造一种名为 Econyl 的织物。Econyl 面料在泳装品牌中很受欢迎。

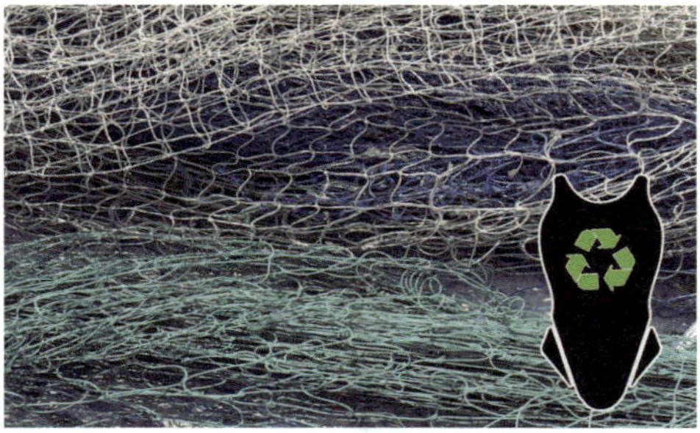

还有很多再生面料是用食物垃圾制造的。其中的植物废弃物可以通过不同的方式转化为可持续织物，植物的茎、种子、叶或果皮均可用于制造可回收织物。

像香蕉面料就是一种植物性天然纺织品，它来自香蕉的茎或果皮。Bananatex 是一种菲律宾制造的香蕉面料，被认为是第一款防水香蕉面料。

Parblex 也是一种可持续材料，由回收的土豆废料制成。 Parblex 不含有害化学物质，坚固耐用，在时尚行业中已被用于眼镜框和纽扣制作，从而减少了塑料浪费。

菠萝面料，也称 piña 面料，是由另一种古老的技术制作而成的，现在又重新流行起来。Piña 织物由菠萝叶制成：先将菠萝叶进行刮擦和清洗，再晾干干燥并打结成纱线。

用回收的废弃材料制造织物比使用原始材料可以消耗更少的能源。这些面料在帮助服装业转向更加循环的模式方面发挥着重要作用。

参考文献

[1] 中国城市温室气体工作组.中国产品全生命周期温室气体排放系数集（2022）[R/OL]. 北京: 2022. http://lca.cityghg.com/.

[2] Everyday Recycler. 6 sustainable fabrics made from food waste eco-friendly fashion guide [EB/OL]. (2020-04-16) [2022-04-22]. https://everydayrecycler.com/6-sustainable-fabrics-made-from-food-waste/.

[3] Everyday Recycler. Recycled fabric: the ultimate guide to innovative and sustainable recycled Fabrics [EB/OL]. (2020-04-15) [2022-04-22]. https://everydayrecycler.com/recycled-fabric-the-ultimate-guide/.

[4] Everyday Recycler. Clothes recycling: how to recycle clothes sustainably [EB/OL]. (2020-03-15) [2022-04-18]. https://everydayrecycler.com/clothes-recycling/.

[5] Everyday Recycler. Why should we use recycled cotton Fabric? easy guide to sustainable fashion [EB/OL]. (2020-04-16) [2022-04-18]. https://everydayrecycler.com/recycled-cotton-fabric/.

你绝对想不到衣服碳排放最多的环节是它!

一件衣服碳足迹的 2/3 是在你把它带回家后产生的，如洗衣、烘干等过程。

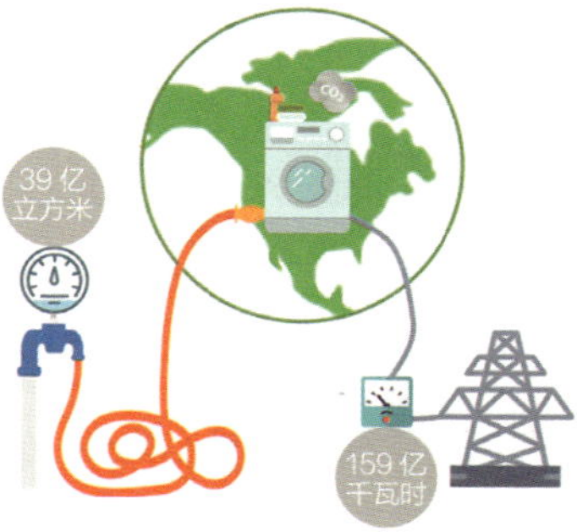

仅在北美地区，每年家庭洗衣机及公共洗衣房就会使用 159 亿千瓦时的电力和 39 亿立方米的水，并会产生约 1070 万吨二氧化碳。

如果平均每两天清洗和烘干一件衣物，每年就会产生大约 440 千克二氧化碳当量的排放，相当于 3 次从北京飞往上海的碳足迹。

不过洗衣方式的不同也会导致洗衣过程的碳足迹不同。

从用水量来看，波轮洗衣机每次用水 135 ～ 190 升。因此，洗衣机是家庭中用水量最大的电器之一。即使是目前高效的滚筒洗衣机也需要大量用水，每次的用水量为 60 ～ 120 升。

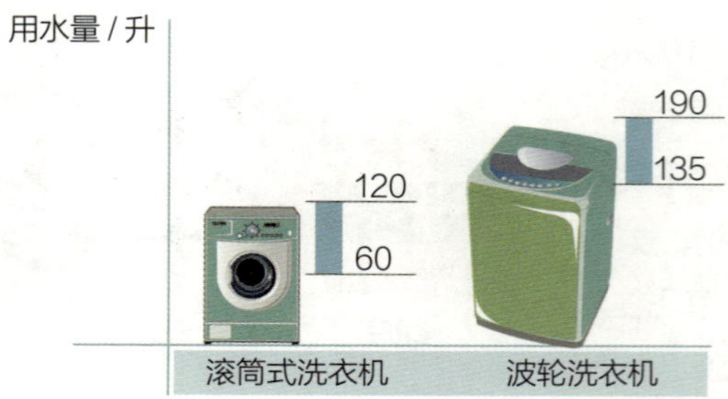

如果所有家庭都选择用冷水手洗衣服并悬挂晾干，那么每个家庭每年可以减少能源消耗 149 千瓦时，减少用水 30 立方米，减少二氧化碳排放 440 千克，甚至更多。

即使使用热水，手洗衣物也能节省很多能源。例如，加热 20 升水需要 0.65 千瓦时电力，在每周洗衣两次的情况下（每次用水 20 升），每年要用电 68 千瓦时，预计手洗衣物的碳排放为 40 千克 / 年，这仅为机洗衣物碳排放量的 1/10。

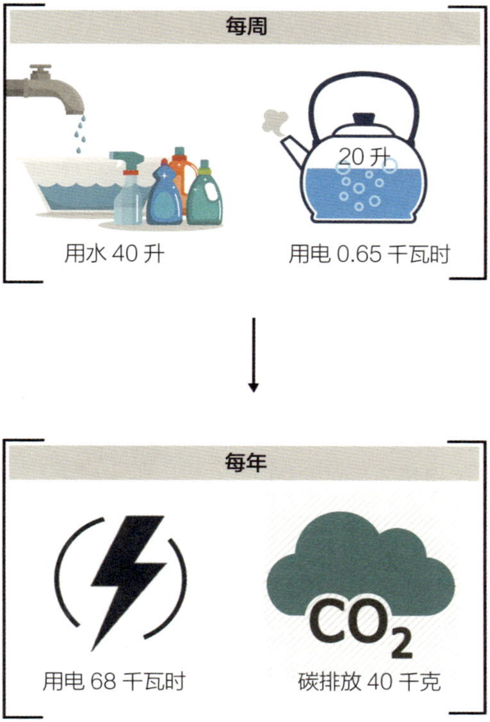

但目前绝大多数家庭仍会首选使用洗衣机洗衣，那么在这种情况下，怎样才能更低碳呢？

一是选择一台高效的洗衣机。

滚筒洗衣机

波轮洗衣机

一台既节能又节水的洗衣机很重要。若一台波轮洗衣机每次洗涤时大约要使用 150 升水，与之同体积的滚筒洗衣机仅需使用约 70 升水。

二是以最佳容量洗衣。

大多数洗衣机在同一洗衣模式下，部分负载和满负载时的用电量和用水量基本是相同的。然而，每台洗衣机的最佳容量是不同的，每次以最佳容量洗衣可以提高洗衣效率。

为什么最佳容量会提高洗衣效率？

一次装太多衣服只会给你的机器带来压力，还会阻碍衣服在洗衣机中移动，从而降低洗涤效率。

三是减少洗涤频率。

洗的次数越少，衣服的使用寿命就越长，节省的能源就越多。一些织物可以多次使用，无须频繁洗涤，如毛巾和牛仔裤。

四是使用冷水洗衣。

使用洗衣机时，将洗衣机用水设置为“冷水”，这样既可以节能，还有助于延长衣服的使用寿命，因为热量会使衣物纤维的分解速度加快。

五是不使用烘干机，选择自然晾干。

这样起码能节省一半的用电量。

六是减少干洗次数。

干洗中常用的主要化学溶剂是全氯乙烯（C_2Cl_4），这是一种有毒化学物质，会导致肝损伤和呼吸衰竭，还可能导致地下水污染和空气污染。在将衣物送去干洗店清洗时，应首选“绿色”或“有机”的清洁剂。

参考文献

[1] 中国城市温室气体工作组.中国产品全生命周期温室气体排放系数集（2022）[R/OL]. 北京: 2022. http://lca.cityghg.com/.

[2] The Eco Guide. Hand wash clothes effortlessly – all while saving the earth [EB/OL]. (2016-09-16) [2022-04-28]. https://theecoguide.org/hand-wash-clothes-effortlessly-all-while-saving-earth.

[3] Reformation Home. Wash smart [EB/OL]. (2019-05-12) [2022-04-28]. https://www.thereformation.com/sustainability/wash-smart.html#:~:text=When%20you%20do%20the%20wash%2C%20set%20your%20washer,miles%2C%20which%20is%20a%20really%20long%20road%20trip.

[4] The Better Home Team. A complete guide to greening your laundry & reducing your carbon footprint [EB/OL]. (2020-07-29) [2022-04-28]. https://www.thebetterindia.com/234048/complete-guide-reducing-carbon-footprint-green-eco-friendly-laundry-tips-the-better-home/.

[5] Persil. Our guide to a sustainable laundry routine [EB/OL]. (2020-12-03) [2022-04-28]. https://www.persil.com/uk/sustainability/sustainable-laundry-how-to-keep-your-washing-green.html.

低碳生活
食品篇

素食主义者低碳吗?

饲养牛、羊时需要消耗大量饲料，这些饲料会经历“肠道发酵”——事实上是在其胃中分解——产生甲烷。

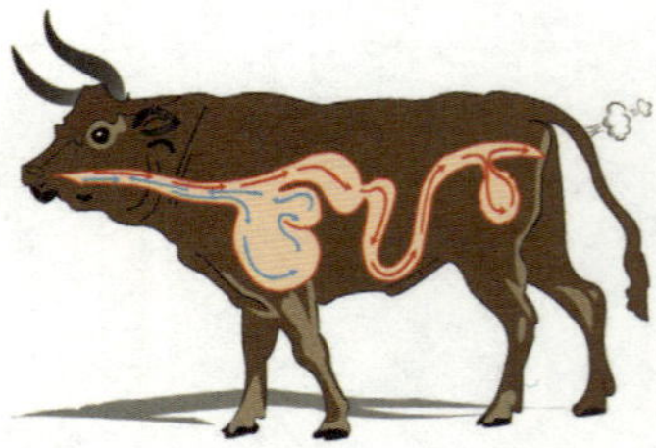

因此，在利用反刍类动物生产牛羊肉和奶制品等相关食物的过程中会排放大量的温室气体。

在由人类产生的温室气体排放中，畜牧业排放占15%，大致相当于全球所有交通领域的碳排放。在这15%中，又有六成的温室气体来自肉类和奶制品生产。

饲料的种植与加工

牲畜棚圈供暖

消化道排放气体

加工运输

消费者

所有的肉都是高排放吗？

肉类中，红肉的碳排放量最高，如猪肉、牛肉、羊肉、鹿肉、兔肉等，所有哺乳动物的肉都是红肉；白肉的碳排放量会低很多，如鱼肉、虾肉、贝类、鸡肉、鸭肉、植物肉（大豆）等。

生产1千克牛肉会排放60千克二氧化碳当量，而生产1千克豌豆仅排放1千克二氧化碳当量。

1千克牛肉

1千克豌豆

生产 1 千克羊肉、家禽肉和猪肉分别排放 20 千克、6 千克和 7 千克二氧化碳当量。相较之下，生产 1 千克根茎类蔬菜和苹果仅排放 0.4 千克二氧化碳当量。

温室气体排放量最低的食物是植物，但这些植物因生产方式不同，其碳足迹会差异巨大。

夏季从自选农场商店购买当地产的应季草莓，其碳排放量非常低，碳足迹也较小。但如果购买在外地温室大棚种植的反季草莓，其碳足迹就会较大。

根据《美国国家科学院院刊》（PNAS）2016 年关于食品和气候的报告，如果我们都吃素，到 2050 年世界上与食品相关的碳排放量将下降 70%。

但素食主义者可能由于没有均衡营养，身体中重要的维生素、蛋白质和脂肪酸会摄入过少。

如果你是素食主义者，或者想成为一名素食主义者，还应注意以下几点：

1. 用什么替代牛奶？

与牛奶相比，其他饮料的碳排放量很低。与牛奶营养接近的饮品中，生产一杯 200 毫升的杏仁奶需要消耗 74 升水，远高于豆奶或燕麦奶。所以，豆奶和燕麦奶是替代牛奶的首选。

一杯（200 毫升）不同饮品对环境的影响

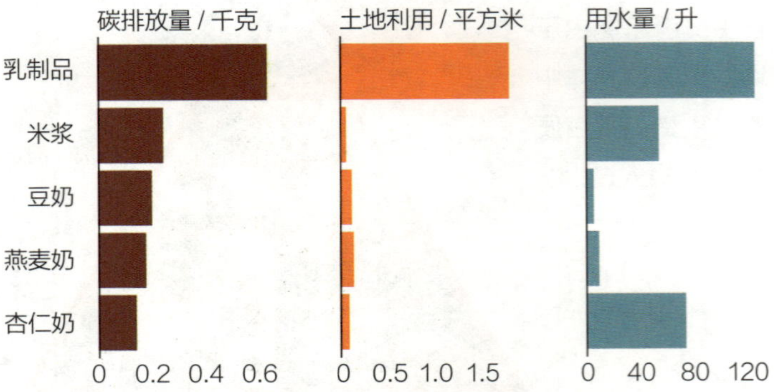

2. 少吃进口水果

在 2017 年意大利的一项研究中，两名参与研究的素食主义者产生了极高的碳排放，主要原因是他们只吃水果，而且是进口水果。

食物从生产到销售所经历的运输过程会对其碳足迹造成很大影响。

3. 少吃牛油果

牛油果是目前年轻人十分喜欢的水果之一，但生产 1 千克牛油果需要 2000 升水，是生产同等重量橙子的 4 倍、西红柿的 10 倍。

参考文献

[1] 中国城市温室气体工作组.中国产品全生命周期温室气体排放系数集（2022）[R/OL]. 北京: 2022. http://lca.cityghg.com/.

[2] Rosi A， Mena P， Pellegrini N , et al. Environmental impact of omnivorous, ovo-lacto-vegetarian, and vegan diet[J]. Scientific Reports, 2017, 7(1):6105.

[3] Paul Allen. Is a vegan diet better for the environment? [EB/OL]. (2020-08-25) [2022-10-10]. https://www.bbcgoodfood.com/howto/guide/vegan-diet-better-environment.

[4] Rosalind Ryan, What is a food carbon footprint? [EB/OL]. (2022-06-25) [2022-10-10]. https://www.bbcgoodfood.com/howto/guide/what-food-carbon-footprint.

[5] Hannah Ritchie. The carbon footprint of foods: are differences explained by the impacts of methane? [EB/OL]. (2020-03-10) [2022-10-10]. https://ourworldindata.org/carbon-footprint-food-methane.

在家吃个芒果会排放多少二氧化碳？

我们吃的食物可能要经过数万里，甚至飞跃太平洋才能到达我们的餐桌。

20 世纪 90 年代，英国的 Tim Lang 教授首次提出“食物里程”的概念，旨在警告消费者长途食品运输与全球碳排放量增加之间的联系。

在美国，新鲜的农产品在被消费之前通常要经过 2500 多千米的运输，这比从北京到广州的距离还要远。

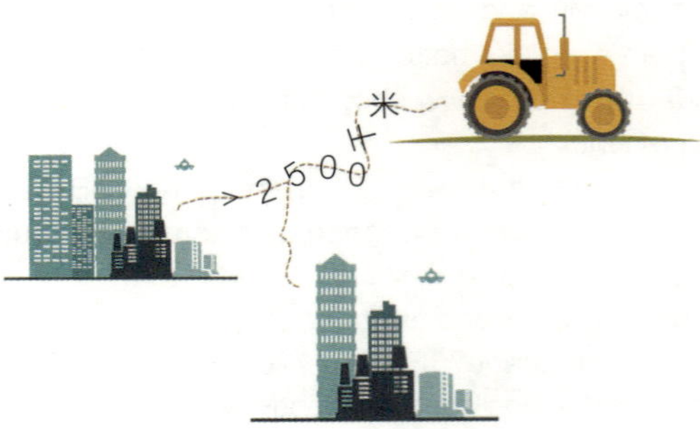

而食物“走”得越远，需要的化石燃料就越多，就会排放更多的温室气体，从而加剧气候变化。

目前，国际大型食品公司（如雀巢、联合利华等）几乎控制了世界上大部分的食品和饮料供应链，这意味着越来越多的食品在被食用之前就要经过国内或国际运输。

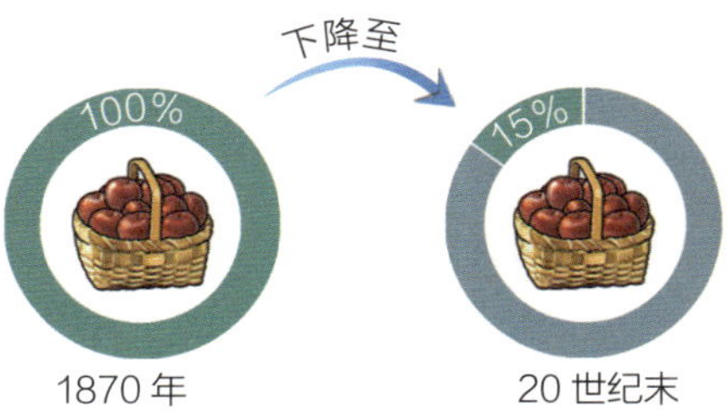

艾奥瓦州销售的苹果中本地生产占比

以美国艾奥瓦州为例，1870 年该州销售的苹果 100% 是在本地生产的，然而到了 20 世纪末，其中只有 15% 是由本地农民种植的。

在全球化的大背景下，很多消费者的口味越来越“苛刻”。咖啡只喝巴西进口的咖啡豆，车厘子只吃智利进口的……这就导致食物里程越来越远！

当考虑整个上游食品供应链时，全球食物里程（运输）约排放30亿吨二氧化碳，在粮食系统总排放中的占比约为19%。

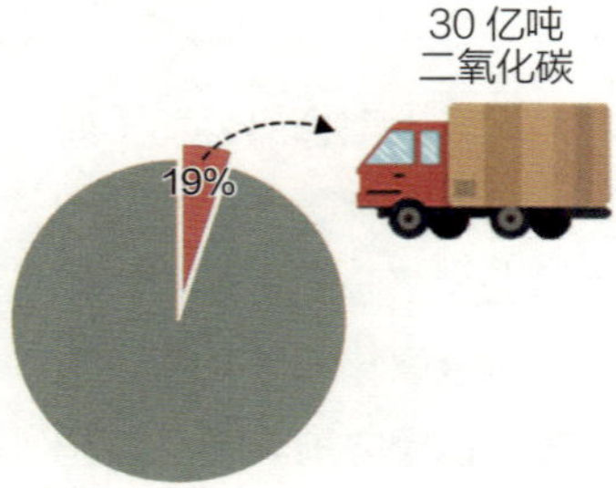

与蔬菜和水果消费相关的运输排放占全球食物里程排放的36%，这几乎是蔬菜和水果生产过程中温室气体排放量的2倍。

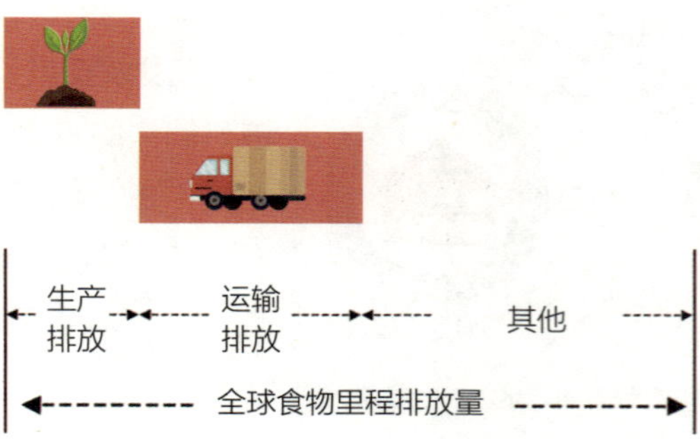

食物碳足迹的大小首先与它的生产地有关。异地运输的食物会比当地食物多产生 5 ～ 17 倍的二氧化碳排放。

其次是运输方式——水路、公路、铁路或空运。其中，空运比公路运输多产生 50% 的温室气体排放。

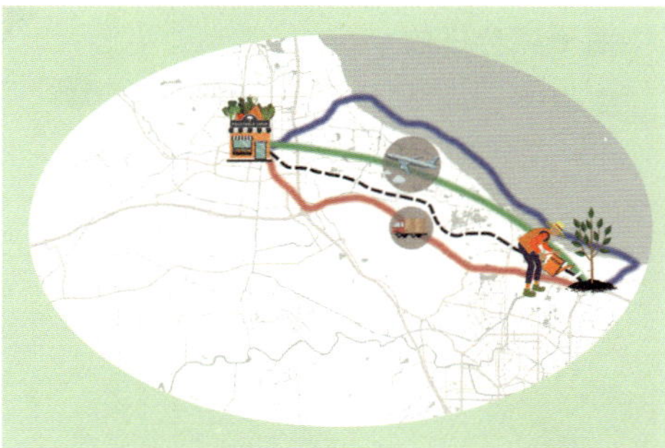

最后，食物里程还应考虑顾客采购食物的方式。

近 10 年来，美国家庭汽车拥有率一直保持在 90% 以上，许多人都会选择开车到商店购物。

食物从一个国家向另一个国家运输将会导致全球变暖加剧。

在北京，吃个芒果（按 1 千克计算）得排放多少二氧化碳呢？

芒果在种植过程中每千克会排放 0.27 千克二氧化碳。

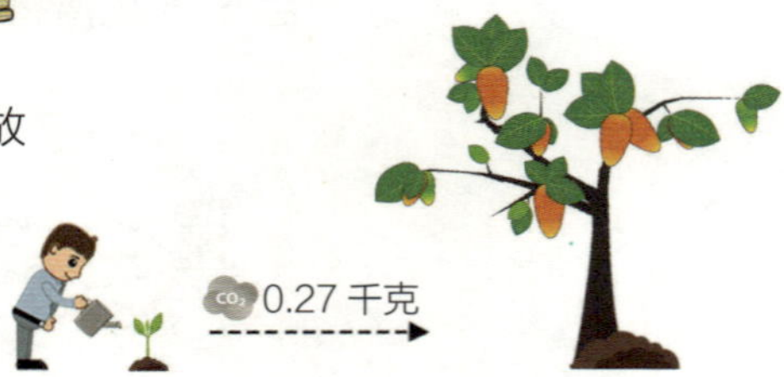

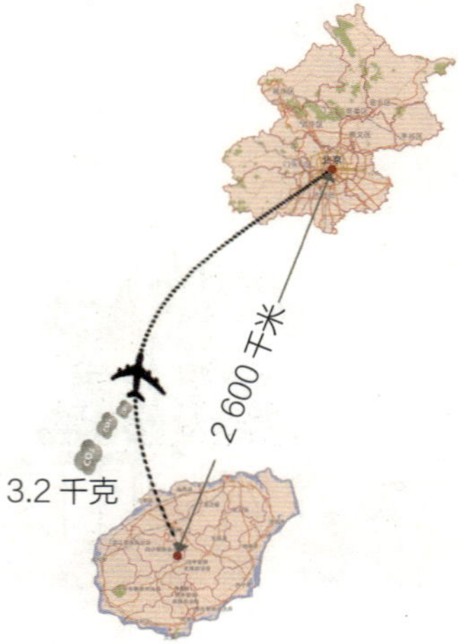

如果将其从海南运往北京，全程约 2600 千米，利用航空运输时，将会产生 3.2 千克二氧化碳。

如果从泰国运往北京，那么每千克芒果就会产生 4 千克二氧化碳。也就是说，吃 1 千克泰国芒果，其食物里程带来的碳排放占了近 95%！

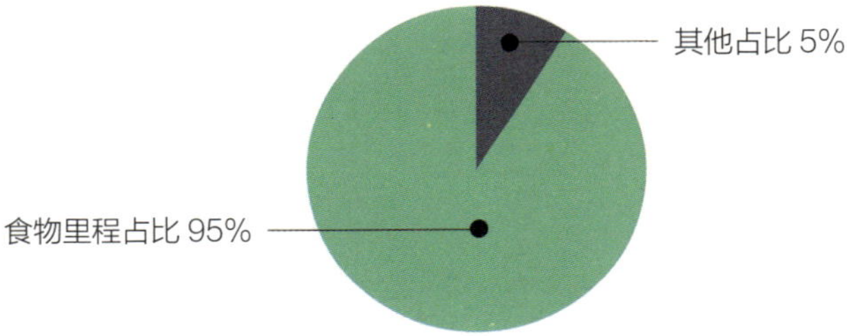

那么，如何才能减少食物里程呢？

一是购买当地种植的产品。

当一个人在当地购物时，空气污染会减少，能源消耗也会减少。

二是吃时令农产品。

这样不仅对身体好，还可以最大限度地减少运输距离。

三是鼓励家庭在购物时绿色出行。

当家与超市的距离在 2 千米以内，就选择步行或公共出行吧！

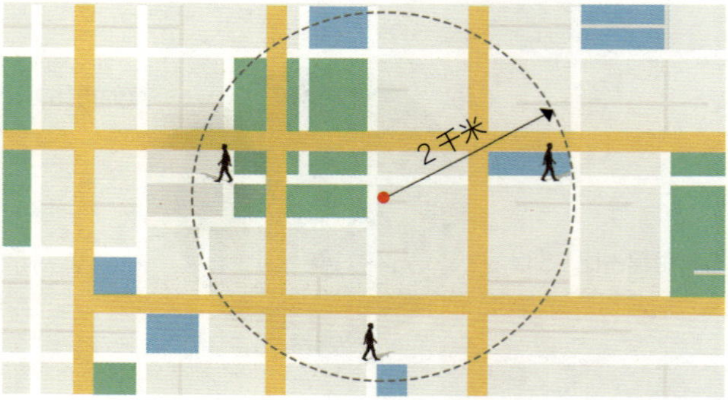

参考文献

[1] 中国城市温室气体工作组.中国产品全生命周期温室气体排放系数集（2022）[R/OL]. 北京: 2022. http://lca.cityghg.com/.

[2] What is a food mile? [EB/OL]. (2021-04-22) [2022-06-22]. https://www.connect4climate.org/initiative/what-are-food-miles.

[3] What are food miles? [EB/OL]. (2022-04-27) [2022-06-22]. https://www.worldatlas.com/articles/what-is-a-food-mile.html.

[4] Paul Allen. The facts about food miles [EB/OL]. (2022-03-06) [2022-06-22]. https://www.bbcgoodfood.com/howto/guide/facts-about-food-miles.

[5] Li M, Jia N, Lenzen M, et al. Global food-miles account for nearly 20% of total food-systems emissions [J/OL]. Nature Food, 2022, 3, 445 - 453. https://doi.org/10.1038/s43016-022-00531-w.

革新菜单，餐厅也能为减排做贡献

在个人温室气体排放中，饮食约占 15%。由于各种食品的碳足迹存在相当大的差异，通常来说，素食主义者要比肉食主义者有更低的碳足迹。

在工业化社会，餐厅是消费者主要的生活消费点之一。2018 年，德国的一项大规模调查显示，约 20% 的参与者每周至少外出就餐一次。

我们在餐厅用餐时，怎样才能减少碳排放呢？其实餐厅可以通过革新菜单来帮助消费者减少碳足迹。

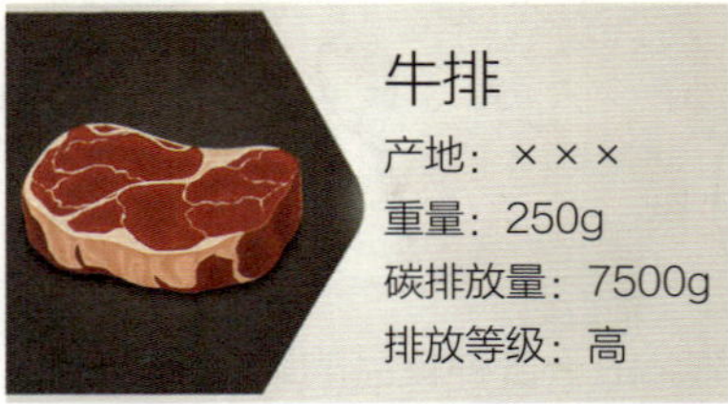

一方面，可以增加食物的碳标签。通过提供每道菜的碳足迹，餐厅可以使一些环保人士优先选择碳足迹更低的食物。

例如，在《联合国气候变化框架公约》第 26 次缔约方大会的菜单上，每道菜都附有一个对其生产过程中产生的二氧化碳排放量的估算数字，旨在鼓励与会代表做出更多对气候友好的选择。

菜单底部还印有一句话：

在英国，一顿饭的平均碳足迹为 1.7 千克二氧化碳当量，我们需要将这个数字降至 0.5 千克二氧化碳当量以下才能达到《巴黎协定》规定的目标。

在英国，
一顿饭的平均碳足迹为
1.7 千克二氧化碳当量，
我们需要将这个数字
降至 0.5 千克二氧化碳当量以下
才能达到《巴黎协定》
规定的目标。

《巴黎协定》的目标是什么？

《巴黎协定》的目标是将21世纪末全球平均气温上升幅度（较前工业化时期）控制在2℃以内，并努力将温度上升幅度限制在1.5℃以内。

但有研究发现，碳标签只能引导消费者的选择从肉类转变为鱼类，但不会使其向素食类别转变。例如一个爱吃肉的人，只会选择低排放的肉类，而不会选择更低碳的素食。

并且只有碳标签颜色比较突出的时候，如红绿灯配色，才能影响顾客对食物的选择。

另一方面，设定默认选项也能有效降低碳足迹。在菜单上使用默认选项对于提高消费者选择素食菜肴的概率非常有效。

例如在点汉堡时，当默认选项是蔬菜汉堡时，就会有更多的人选择蔬菜汉堡，而不是牛肉汉堡。

而且默认选项的大小、位置对消费者选择的影响也很大。例如，当菜品放在菜单顶部或使用更大字体或带有图片，消费者的注意力就会更多地集中在这个选项上。

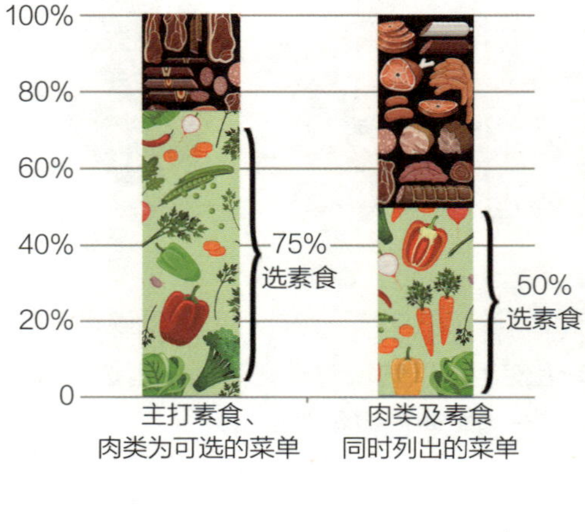

另一项研究也证明了这个观点。当菜单醒目位置仅包含素食而菜单底部列出了其他的肉类选项时，大约有 75% 的参与者会选择素食。但当菜单同时列出素食和肉类时，只有大约一半的参与者选择素食。

所以各位餐厅经营者，你知道该怎么做了吧？

参考文献

[1] 中国城市温室气体工作组.中国产品全生命周期温室气体排放系数集（2022）[R/OL]. 北京: 2022. http://lca.cityghg.com/.

[2] Vaan J M, Steen T, BCN Müller. Meat on the menu? How the menu structure can stimulate vegetarian choices in restaurants [J]. Journal of Applied Social Psychology, 2019, 49: 755-766.

[3] Babakhani N, Lee A, Dolnicar S. Carbon labels on restaurant menus: do people pay attention to them?[J/OL]. Journal of Sustainable Tourism,2019, 28(1): 51-68. https://doi.org/10.1080/09669582.2019.1670187

[4] Betz A K, Seger B T, Nieding G. How can carbon labels and climate-friendly default options on restaurant menus contribute to the reduction of greenhouse gas emissions associated with dining? [J]. PLOS Climate, 2022, 1(5): e0000028.

[5] Carbon-footprint culinary: the future of menus? [EB/OL]. (2021-11-22) [2022-06-24]. https://cherwell.org/2021/11/22/carbon-footprint-culinary-the-future-of-menus/.

吃条鱼有多少碳排放？

我们吃的所有食物都会对气候产生影响。在肉类（包括蛋、奶制品）中，野生海产品的碳排放低于牛肉、羊肉、奶酪、猪肉和家禽。

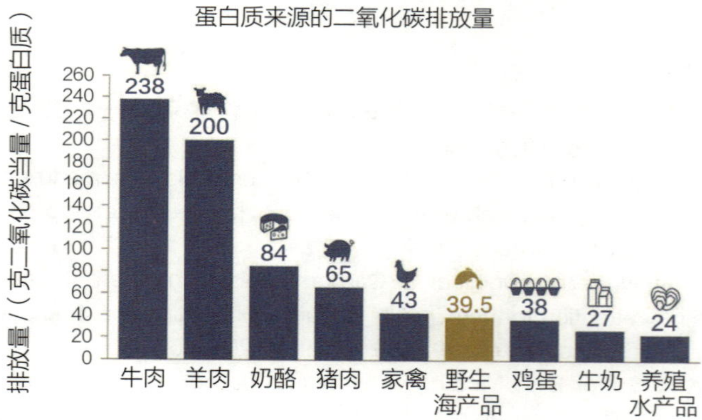

来自海产品的动物蛋白的碳足迹比其他动物蛋白要小，因为捕鱼不需要耕地，鱼类也没有甲烷排放。

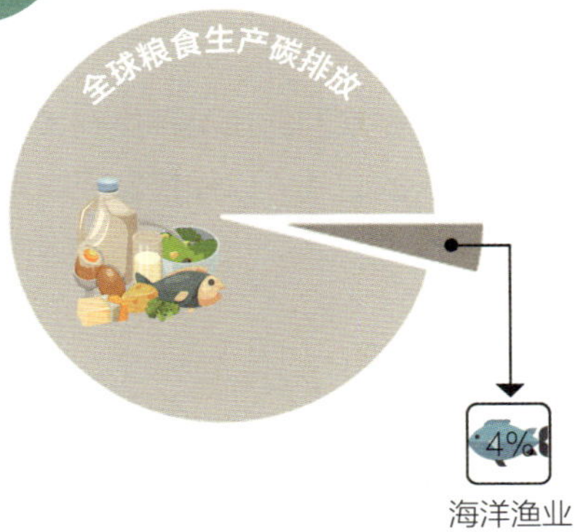

但近几十年来与全球渔业相关的温室气体排放量一直在增加。2011 年，海洋渔业占全球粮食生产碳排放量的 4%。虽然这一占比不高，但与 1990 年相比增长了 28%。

海产品中，不同种类生物的碳足迹有很大差异。中小型鱼类（如凤尾鱼和沙丁鱼）的碳排放量最低。

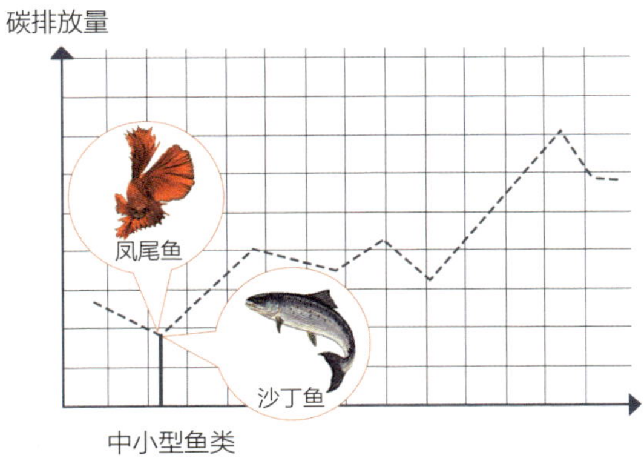

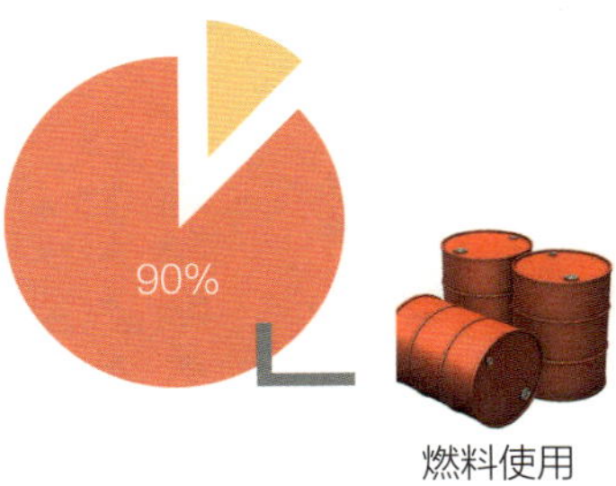

对于野生海产品而言，其碳足迹主要受燃料消耗的影响，90% 的温室气体排放来自燃料使用。

由于许多受欢迎的鱼类种类在减少，船只需要从港口出发航行更远的距离和更长的时间，以捕捞曾经丰富且易于捕获的物种，这需要比以前消耗更多的燃料。

一艘捕捞金枪鱼的大船比一艘捕捞当地物种的小船所消耗的燃料要多得多。

捕捞小型鱼群，如凤尾鱼和鲱鱼，是可持续的最佳选择。因为它们的碳足迹很小，捕获它们不会燃烧太多的化石燃料。

而捕捞澳大利亚虎虾或挪威龙虾等甲壳类动物时，每吨捕获物需燃烧超过10000 升的燃料。这是因为在水中拖着沉重的捕网前行需要消耗大量的燃料以提高动力。

过度捕捞也会对渔业碳足迹产生影响。

当水中的鱼更多时，捕满一张网所需的时间和燃料更少。而在过度捕捞的情况下，海洋里的鱼更少，捕获相同数量的鱼类需要更多的时间和精力，这就会导致消耗更多的燃料。

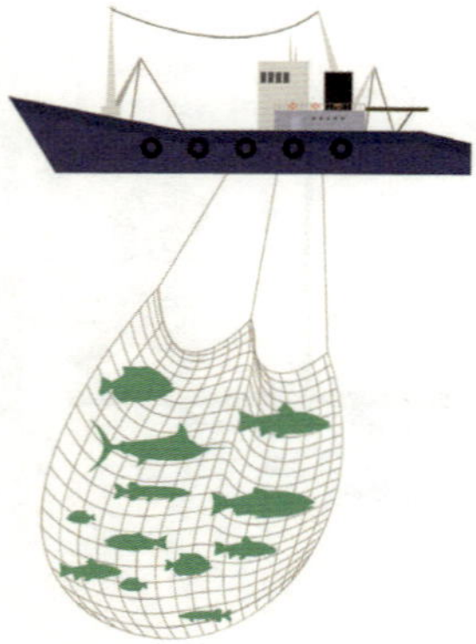

另外，捕捞海产品的工具不同也会对气候产生不同的影响。
例如，围网（像袋子一样可以拉紧的大网）是具有最小碳足迹的捕捞方法。

养殖鱼类碳足迹高的罪魁祸首是饲料。这些饲料通常是鱼粉或玉米与大豆植物蛋白的混合物，而玉米和大豆因在生产中使用化肥或砍伐森林而产生了一定量的二氧化碳。

对于陆上养鱼场而言，用于调节温度和使水循环起来的能源也是温室气体排放的主要来源。

加工海产品的地方远近也会影响其碳足迹。将海产品运送到国外加工再进口销售会使燃料和能源消耗猛增，从而产生更多的碳排放。

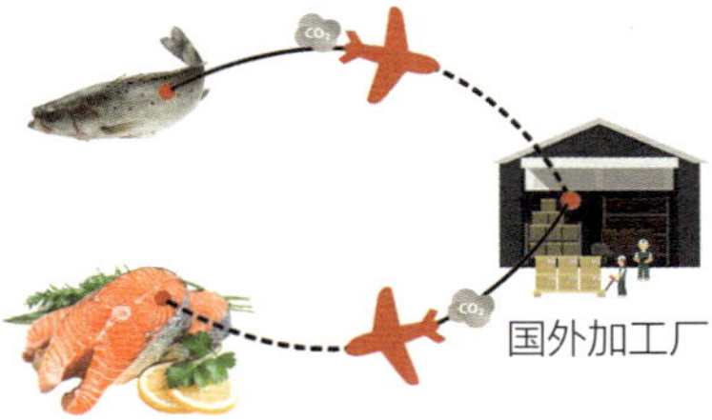

那么，气候友好型海产品到底是什么？消费者应该如何选择海产品呢？

1 选择本地捕捞或加工的鱼。

2 如果选择从外地运来的鱼，请选择冷冻而不是新鲜的（速冻鱼在运输过程中的碳足迹要低于鲜鱼）。

3 吃食物链低端的鱼。对于野生鱼类，可以选择沙丁鱼、凤尾鱼和鲱鱼等小鱼；对于养殖鱼类，可以选择用素食饲料喂养的罗非鱼、鲶鱼和鲤鱼。

4 养殖的生蚝、贻贝、蛤蜊和其他贝类也是不错的选择。因为它们不需要任何额外的饲料，碳足迹非常小。

参考文献

[1] 中国城市温室气体工作组.中国产品全生命周期温室气体排放系数集（2022）[R/OL]. 北京: 2022. http://lca.cityghg.com/.

[2] Peter Hanlon. Climate-friendly seafood — is there such a thing? [EB/OL]. (2020-10-08) [2022-08-02]. https://foodprint.org/blog/climate-friendly-seafood-is-there-such-a-thing/.

[3] Harrison Tasoff. Fishing's Hidden Carbon Footprint [EB/OL]. (2020-11-18) [2022-08-22]. https://www.news.ucsb.edu/2020/020101/fishing-s-hidden-carbon-footprint.

[4] Mckuin B, Watson J T, Stohs S , et al. Rethinking sustainability in seafood [J]. Elem Sci Anth, 2021, 9(1). DOI: 10.1525/elementa.2019.00081.

[5] Kroodsma D A, Juan M, Timothy H, et al. Response to Comment on "Tracking the global footprint of fisheries" [J]. Science, 2018, 361: eaat7789. DOI:10.1126/science.aat7789.

海洋酸化后还能吃海产品吗？

气候变化对地球的伤害
很大吗？
全球变暖、海水入侵、
干旱、森林野火……

除此之外，气候变化对海洋的影响也非常大。

大气中的二氧化碳是如何影响海洋的？
实际上，海洋已经吸收了大气中约 25% 的二氧化碳。

如果海洋不吸收大气中的温室气体，我们将经历更极端的气候环境——
地球升温更快，天气更加恶劣，极端天气更加频繁。

海洋吸收了这么多二氧化碳，跟鱼有什么关系呢？
随着越来越多的二氧化碳溶于水中，海洋将变得越来越酸。

海洋酸化会损害诸如贝类、甲壳类和珊瑚等海洋生物形成钙质骨骼和外壳的能力。

$$CaCO_3 + H^+ \longrightarrow Ca^{2+} + CO_2 + H_2O$$

据海洋学家特里欧娜·麦格劳（Triona McGraw）的预测，到 2100 年，海洋的酸度可能会溶解这些动物的外壳和骨骼。

也许你并不在意贝类，但海洋还有许多需要碳酸盐的动物，如磷虾和珊瑚，它们构成了所有海洋生物的生存基础。

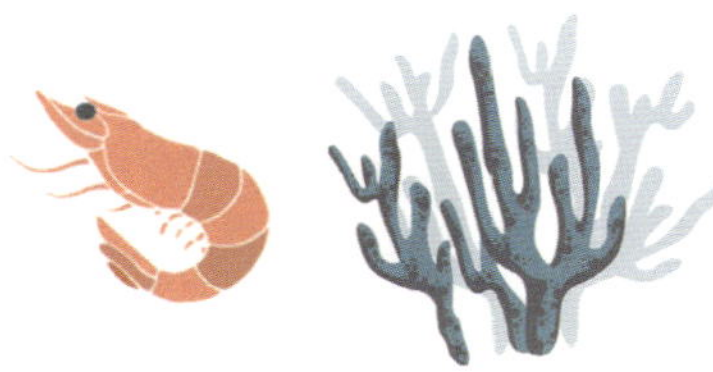

磷虾位于食物链的底部，是野生鲑鱼、大比目鱼和其他许多海洋生物主要的食物来源。

珊瑚为 25% 的海洋生物提供了保护和食物。因此，它们对海产品供应至关重要。

由于海洋酸度升高会使贝类生物更难生存，靠它们生存的鱼类也将难以幸免。

这意味着钓鱼将变得难有所获。即使可以捕捞到鱼，那也是质量低下的品种。

或许你可以忍受一辈子都不吃海产品，但对于世界上大多数人来说，海产品的消失将使他们的生活变得很糟糕。

人类消耗的蛋白质有 20% 是由鱼类提供的，世界上有超过 10 亿的贫困人口主要的蛋白质来源还是海产品。像海地、塞内加尔和马达加斯加等发展中国家的居民，他们都需要从海产品中获取适当的营养。

食物 /100 克	蛋白质含量 / 克
石斑鱼	19.4
虾	18.3
鲢鱼	17.8
河蟹	17.5
扇贝	11.1

每 100 克食物中的蛋白质含量

在美国，如果海产品捕捞、加工和销售因气候影响而遭受重大损失，那么数百万个工作岗位和数十亿美元收益都将面临风险。

据估计，到 21 世纪中叶，气温上升将导致美国损失 12% 的捕捞潜力。这对墨西哥湾、太平洋沿岸及北大西洋和东南大西洋的渔业都将造成严重影响。

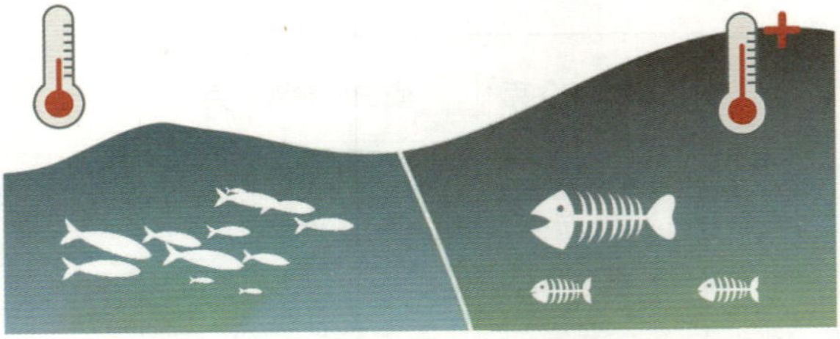

以美国俄勒冈州（盛产生蚝）的生蚝养殖场为例，在过去 10 年中，随着沿海水域酸化程度的不断加强，养殖场的生蚝已经发生了大规模死亡。

气候变化脆弱性排名	国家	海洋地区
1	马尔代夫	印度洋
2	多哥	南大西洋
3	科摩罗	印度洋
4	伊朗	波斯湾
5	利比亚	地中海
6	新加坡	南中国海
7	科威特	波斯湾
8	圭亚那	北大西洋
9	印度尼西亚	印度洋
10	阿拉伯联合酋长国	波斯湾

气候变化对海洋安全威胁最大的国家

参考文献

[1] 中国城市温室气体工作组.中国产品全生命周期温室气体排放系数集（2022）[R/OL]. 北京: 2022. http://lca.cityghg.com/.

[2] Kate Donald. What your carbon footprint has to do with seafood [EB/OL]. (2017-08-14) [2022-08-26]. https://spoonuniversity.com/lifestyle/what-your-carbon-footprint-has-to-do-with-seafood.

[3] Anna Baxter. CO_2 emissions threaten ocean-based food security [EB/OL]. (2012-09-24) [2022-08-26]. https://oceana.org/press-releases/co2-emissions-threaten-ocean-based-food-security/.

[4] OECD. Climate change and the policy implications for agriculture and fisheries [R]. 2019.

[5] Climate change is throwing ocean food webs out of whack [EB/OL]. (2015-11-12) [2022-08-26]. https://www.wired.com/2015/11/how-climate-change-is-affecting-the-worlds-oceans/.

每天浪费的食物=开车8千米?

食品生产的碳排放约占全球温室气体排放量的 1/4。

其中，有 1/4 还未被食用就被直接扔掉了。

食物浪费造成的碳排放大约是全球航空排放量的 3 倍。

食物可能在零售、餐饮和消费等过程中被浪费掉，主要包括食物供应链中因储存和处理技术不善而导致的浪费，以及餐馆和消费者的丢弃。

为了生产这些食物，人们投入了土地、水、能源及肥料。

如果再算上农场在生产和收获过程中的粮食损失，食物浪费导致的碳排放的真实数据实际上可能更高。

即使仅考虑当前数据，全球平均每人每天浪费的食物的碳排放就有1.25 千克，相当于开车 8 千米！

如果将食物浪费导致的碳排放与全球各国的排放相比，就会发现它已成为世界第三大排放主体。

除了碳排放，浪费的食物还耗费了大量的水资源。每年生产粮食所需要的用水量相当于俄罗斯伏尔加河的年流量，是日内瓦湖蓄水量的 3 倍。

日内瓦湖

日内瓦湖（也称莱芒湖）是阿尔卑斯湖群中最大的一个，湖区面积约为 580 平方千米，蓄水量达 890 亿立方米。

食品生产还要占用土地。目前人类每年损失和浪费的粮食是由全球 28% 的耕地（14 亿公顷）生产的。

不同种类食品的浪费率不同。从全球范围来看，块根作物、水果和蔬菜的浪费率最高，达到了 40% ～ 50%。

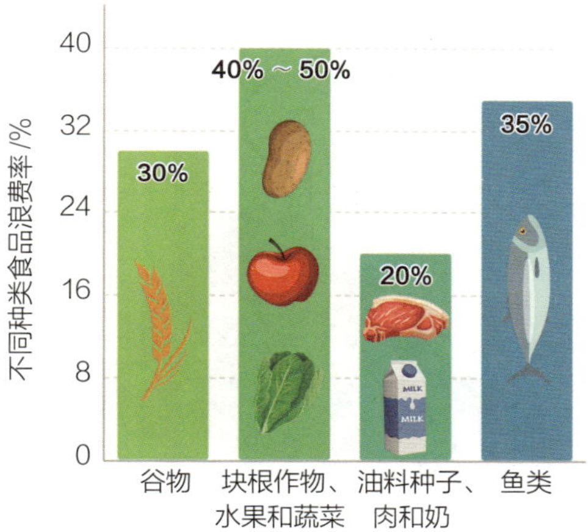

世界上不同国家、不同地区的食物浪费率不同。在美国，食物的损失和浪费量约占可食用部分的 1/3。

据 EPA 估计，美国每年由粮食损失和浪费导致的碳排放约为 1.7 亿吨二氧化碳当量（不包括垃圾填埋场排放），相当于 42 座燃煤发电厂一年的二氧化碳排放量。

这一估计值还不包括厨余垃圾进入垃圾填埋场期间产生的大量甲烷排放。相较于食品在生产、运输和处理环节排放的二氧化碳，甲烷是一种制暖效应更强的温室气体。

EPA 的数据显示，食物垃圾是美国最常见的填埋和焚烧垃圾，分别占城市垃圾填埋和焚烧处理量的 24% 和 22%。

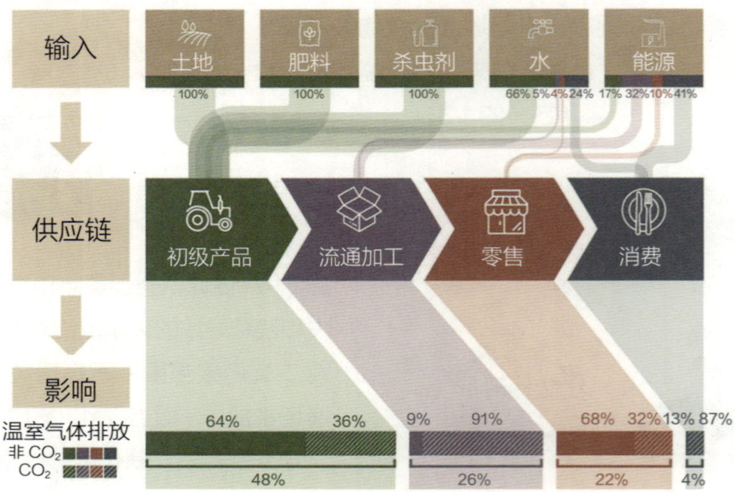

减少食物浪费，不仅能够保证粮食安全，提高生产力和经济效率，还能促进资源和能源节约，减缓气候变化。

参考文献

[1] 中国城市温室气体工作组.中国产品全生命周期温室气体排放系数集（2022）[R/OL]. 北京: 2022. http://lca.cityghg.com/.

[2] EPA. From farm to kitchen: the environmental impacts of U.S. food waste [R]. 2018.

[3] Hannah Ritchie. Food waste is responsible for 6% of global greenhouse gas emissions [EB/OL]. (2020-03-18) [2022-08-29]. https://ourworldindata.org/food-waste-emissions.

[4] Poore J, Nemecek T. Reducing food's environmental impacts through producers and consumers [J]. Science, 2018, 360: 987-992.

[5] Farming First. Actions in Africa preventing food loss and waste [EB/OL]. (2019-06-18) [2022-08-29]. https://farmingfirst.org/2019/04/18874/?msclkid=f1197785b5ae11ec8df38a5b125f4da2.

舌尖上的碳排放怎么减?

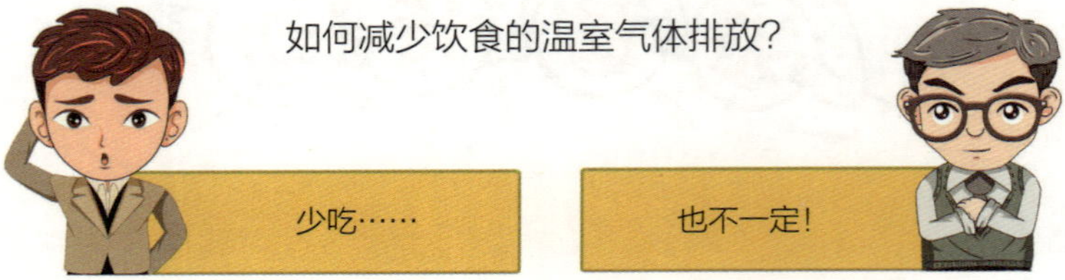

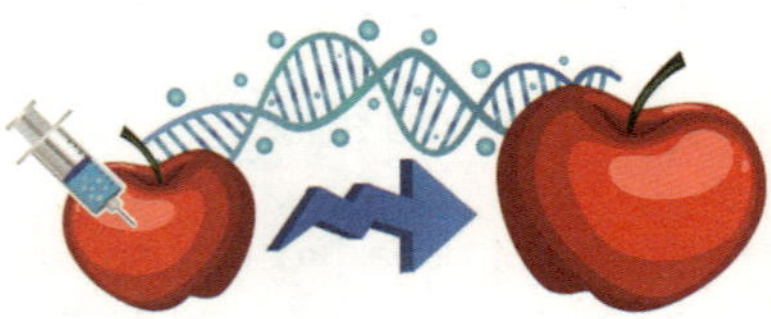

第一，高产。

目前，通过改进作物遗传和管理实践可以实现产量提高。

假设 2050 年全球作物产量较目前增加 30%、2100 年增加 68%，那么届时全球饮食产生的温室气体排放量将减少 14%。

节约土地

节约能源

第二，将食物浪费和损失减半。

全球有 6% 的温室气体排放来自食物浪费，如果能将食品浪费和损失减半，到 2100 年全球饮食产生的温室气体排放量将减少 27%。

第三，健康饮食。

目前，许多人吃的食物超过了自身维持健康体重所需的量。全球有 13% 的成年人肥胖、39% 的成年人超重。

假设全球每个人的饮食都能使他们的体重指数维持在平均水平（22.5），到 2100 年全球饮食产生的温室气体排放量将减少 30%。

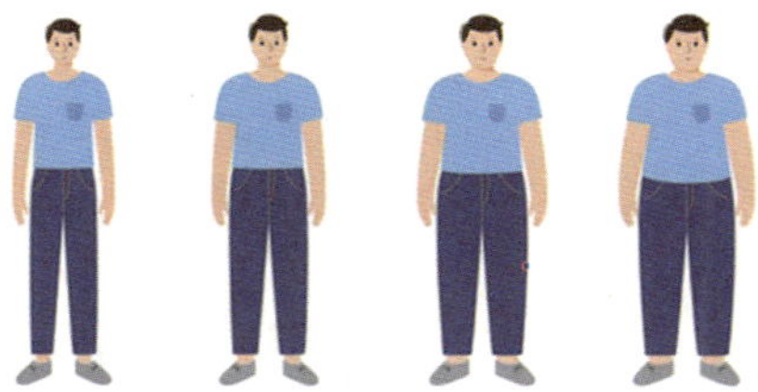

体重指数（BMI）= 体重（千克）/ 身高（米）^{2}			
<18.5	18.5~24	24~28	>28
偏瘦	正常	超重	肥胖

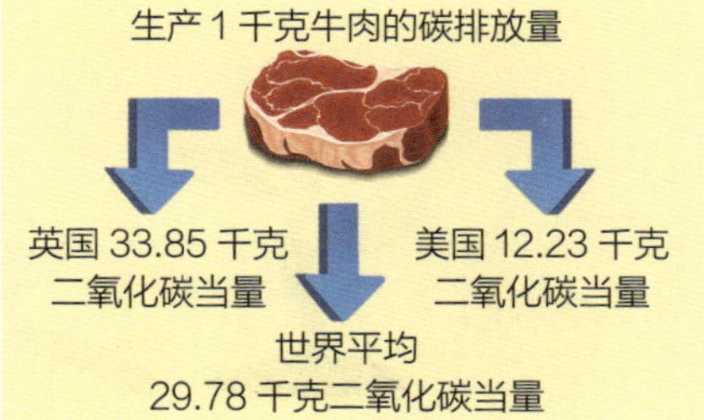

第四，促进农业可持续发展。

不同食物的温室气体排放量存在很大差异，具体取决于其生产地点和生产方式。

通过改进管理和革新技术（如肥料管理、使用饲料添加剂）可使 2100 年全球饮食产生的温室气体排放量下降 40%。

农业的可持续发展采取了哪些措施呢？

1 种植多种作物。

例如，大豆、苜蓿等饲料作物与块根作物或西红柿混合种植可以最大限度地利用土地，还可以抑制杂草。

2 使用改良的种子品种。

这些改良品种产量高，耐旱、抗病虫害能力强，同时还能减少危害土壤健康和污染附近水源的杀虫剂的使用。

3 在田间种植豌豆等豆类，以及一些木本植物。

它们既可以为牲畜提供蛋白质、维生素和矿物质，也可以从空气中吸收氮，并将其转化为土壤中的一种化合物，从而提高土壤肥力。

4 尽量减少耕作。

在作物收获后将其残留物继续留在土地里，这样可以保护顶部约 5 厘米的土壤免受侵蚀，同时可以增加土壤碳储量。

5 利用卫星图像等资源监测天气变化，以决定下一季种植哪些作物。

6 每隔一时间就将牛群转移到新的牧场，以留给过度放牧的地区充分恢复的时间。

7 与其他农民合作建立社区种子库，以便当地生产者都能获得适合当地条件的品种。

对于消费者来说，降低碳足迹最有效的方法就是改变饮食习惯。例如，多食用来自植物的食品，少吃肉类和奶制品，尤其是牛肉和羊肉。

参考文献

[1] 中国城市温室气体工作组.中国产品全生命周期温室气体排放系数集（2022）[R/OL]. 北京: 2022. http://lca.cityghg.com/.

[2] Produce more, consrve more with climate-smart agricul ture [EB/OL]. (2015-11-08) [2022-09-09]. https://yali.state.gov/produce-more-conserve-more-with-climate-smart-agriculture/?_ga=2.87020760.1554132709.1649262561-1615966354.1647367270.

[3] Our world in data, 5 ways we can reduce food emissions to keep global temperatures down [EB/OL]. (2021-06-08) [2022-09-09]. https://www.weforum.org/agenda/2021/06/emissions-food-carbon-budget-opportunities/.

[4] WRI. Creatine a sustainable food future：a menu of solutions to feed nearly 10 billion people by 2050 [R/OL]. 2019. https://research.wri.org/wrr-food.

高碳选择竟是因为排斥“丑”？

相信很多人都愿意选择颜色鲜艳、外形饱满端正的蔬果——食物的外观十分影响人们对它的接受度。

全球每年生产的蔬菜和水果有 20% ～ 40% 根本没有机会出现在餐桌上，它们有的是长了两只脚的萝卜，有的是身上有斑点的柠檬，有的是几乎弯成 90 度的黄瓜……

这些蔬果因为长得不符合人类审美，如形状、颜色奇怪，或是果皮上有瑕疵，就被判定为“丑”，成为垃圾桶中的常客，从出生起就等待着腐烂和死亡。

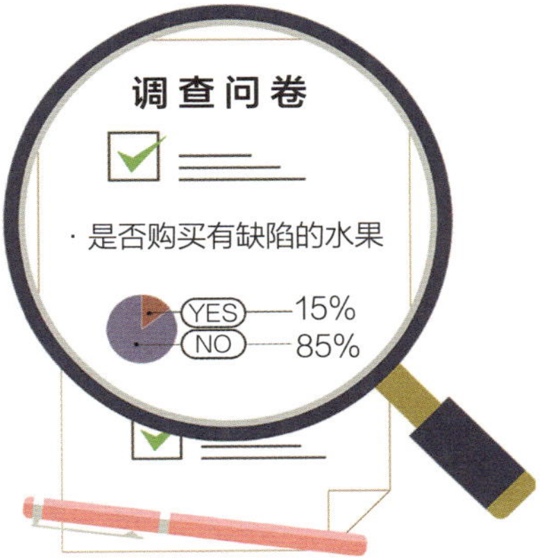

据调查，只有约 15% 的研究参与者会选择购买或食用外部有缺陷的蔬果。

垃圾桶里的“丑”食物，究竟做错了什么？

2020 年，全世界总共造成了 9.31 亿吨的食物浪费，这些食物能装满 2300 万辆载重 40 吨的巨型货车。这些货车首尾相接可以绕地球整整 7 圈。

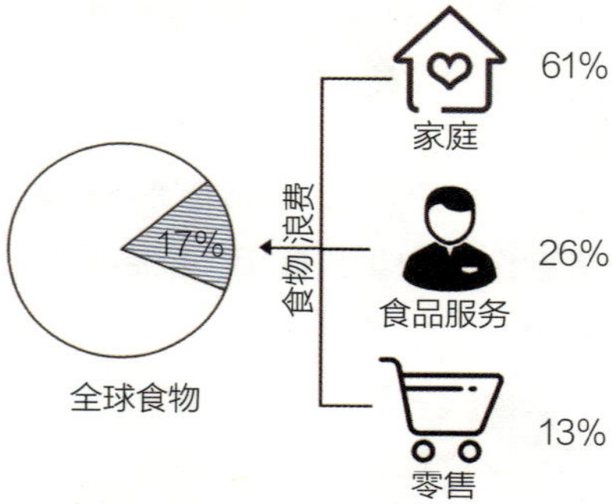

根据联合国环境规划署（UNEP）发布的《2021 年食物浪费指数报告》，全球约 17% 的食物可能会被浪费，其中 61% 来自家庭，26% 来自食品服务，13% 来自零售。

如果从产生环节来看，全球 54% 的粮食浪费产生在生产及收获后的处理、储存期间，46% 产生在加工、分配和消费阶段。

这些损耗与浪费的粮食在整个生命周期所产生的排放约为 33 亿吨二氧化碳当量，相当于全球第三大温室气体排放国的碳排放量。

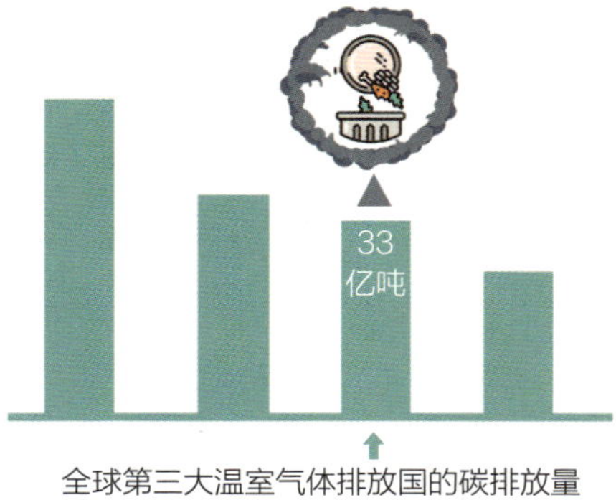

这些食物浪费造成的温室气体排放量占全球温室气体排放量的 6%，大约是全球航空排放量的 3 倍。那些因为“丑”而被丢掉的蔬果占全球农业生产温室气体排放量的 5% 左右。

我国每年的餐饮浪费量为 1700 万～1800 万吨，相当于 3000 万～5000 万人一年的口粮。

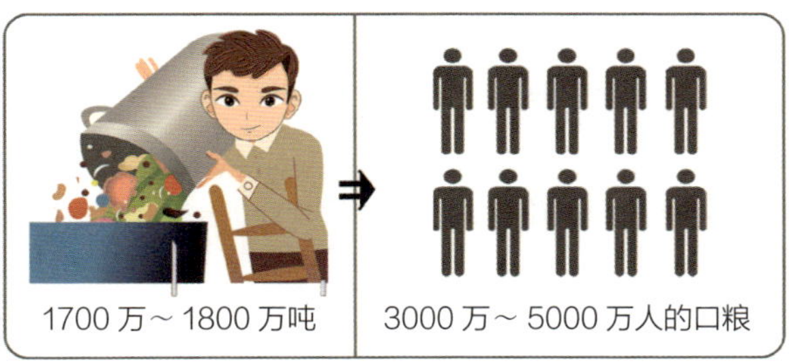

我国每年因食物损失与浪费产生的温室气体排放约为 11 亿吨。如果参照 2020 年我国各省（区、市）的碳排放量，这个数据比每个省（区、市）的碳排放量都要高。

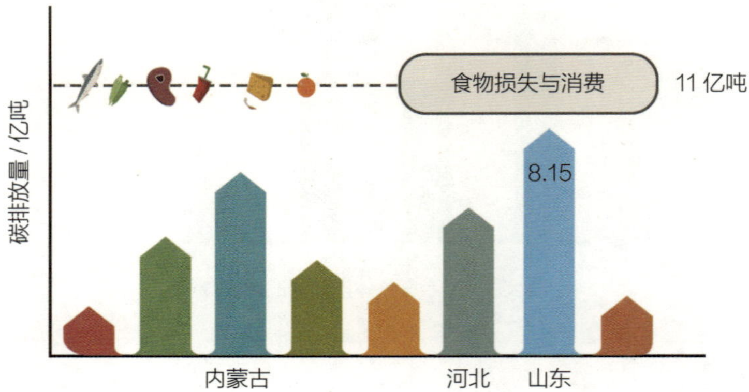

参考文献

[1] 中国城市温室气体工作组.中国产品全生命周期温室气体排放系数集（2022）[R/OL]. 北京: 2022. http://lca.cityghg.com/.

[2] Why we waste: ugly food, expiration dates, and more [EB/OL]. (2022-03-18) [2022-09-11]. https://foodwastefeast.com/why-we-waste-ugly-food-expiration-dates-and-more.

[3] UNEP. Food waste index report 2021 [R]. 2021.

[4] The world’s food waste problem is bigger than we thought - here’s what we can do about it [EB/OL]. (2021-03-04) [2022-09-11]. https://www.weforum.org/agenda/2021/03/global-food-waste-solutions/.

[5] Zabala A. Ugly vegetables wasted [J/OL]. Nat Sustain, 2018(1): 457. https://doi.org/10.1038/s41893-018-0145-6.

“丑”蔬果也有春天

在这个“看脸”的世界，怎样才能拯救这些“丑”蔬果呢？

为了拯救那些被丢弃的蔬菜，日本一家公司发明了一种叫 vegeloop 的“黑科技”。

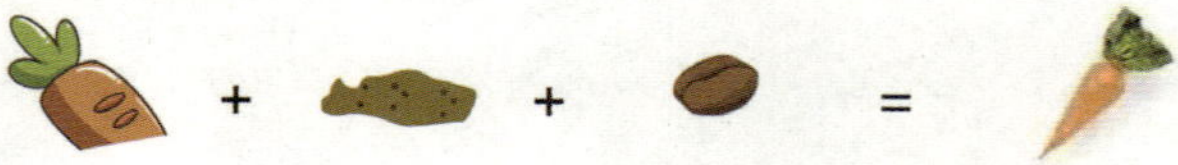

他们先收集那些被丢弃的蔬菜，并用生鲜垃圾处理机将它们制成肥料，再在肥料中加入这种蔬菜的种子，然后用由可降解材料制成的印有蔬菜图案的包装纸把混合物包好，一个 veleloop 就做好了。

将 veleloop 直接埋在土里，再在上面浇水使包装纸溶解，接下来就是见证奇迹的时刻了。种子发芽后，新的蔬果长了出来，被丢弃的蔬菜以这种方式再生了！

还有“剩食派对”活动。

2009 年，社会活动家 Tristram Stuart 在伦敦特拉法尔加广场组织了第一次“剩食派对”活动。5000 名参与者利用厨房剩余的长相不太好、即将过期的食材给自己做饭。

他们不仅在活动现场摆上“丑”蔬果，还将它们打成果汁让参与者品尝。这些蔬果的售价也会比正常水果便宜 30%。

法国大型连锁超市 Intermarché 还想到了一个“萌”点子，让“丑”蔬果成为新时尚。

这家超市将每天挑剩的“丑”蔬果收集起来，给它们取了诙谐有趣的名字并做成海报。

超市海报的主角是这些“可笑的土豆”“狰狞的橙子”“失败的柠檬”“破相的胡萝卜”“毁容的茄子”等。

超市将其称为“拯救丑陋蔬果”的促销活动，并为这些“丑”蔬果发声正名：丑一点儿并没有什么不好，价格可以更便宜，营养价值却不减，为什么不来一点呢？

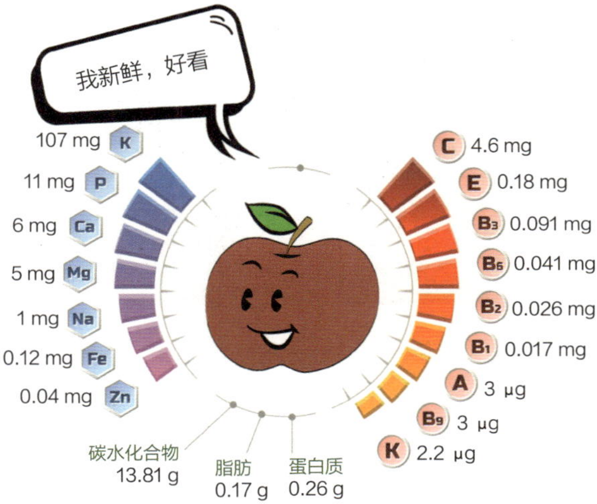

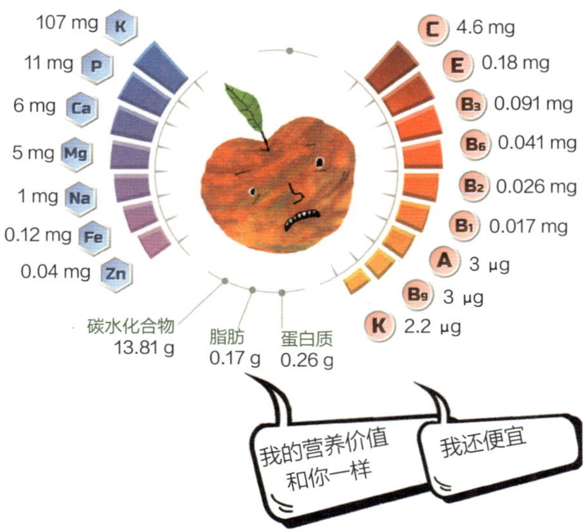

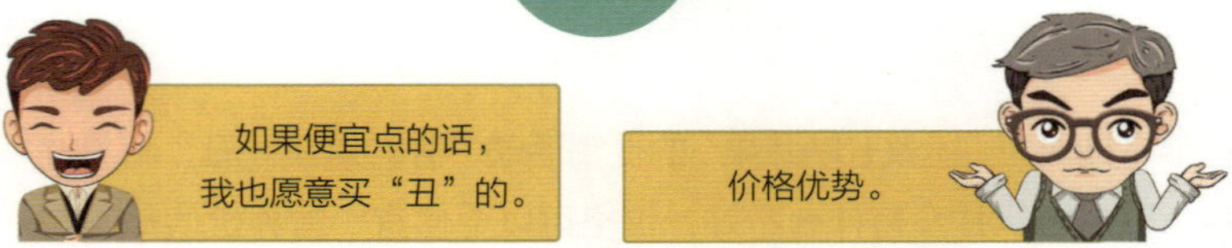

事实上，目前不少商家在以比正常产品低 30% ～ 50% 的价格销售这些“丑”蔬果。

例如在晚上去超市的话，那些被挑剩下的蔬果一般都在打折售卖。如果没有价格上的优惠，消费者不会选择它们，那么它们只能面临被丢弃的命运。

我国每年因食物浪费产生的温室气体排放量约为 11 亿吨二氧化碳当量，造成的经济损失约为 457 亿元。如果我们不再浪费食物，那么可以减少多达 11% 的碳排放。

参考文献

[1] 中国城市温室气体工作组.中国产品全生命周期温室气体排放系数集（2022）[R/OL]. 北京: 2022. http://lca.cityghg.com/.

[2] Why we waste: ugly food, expiration dates, and more [EB/OL]. (2022-03-18) [2022-09-17]. https://foodwastefeast.com/why-we-waste-ugly-food-expiration-dates-and-more.

[3] UNEP. Food waste index report 2021 [R]. 2021.

[4] The world's food waste problem is bigger than we thought - here's what we can do about it [EB/OL]. (2021-03-12) [2022-09-11]. https://www.weforum.org/agenda/2021/03/global-food-waste-solutions/.

[5] Zabala A. Ugly vegetables wasted [J/OL]. Nat Sustain, 2018(1): 457. https://doi.org/10.1038/s41893-018-0145-6.

明确食物保质期，减少碳排放

减少食物浪费是一项全球性的挑战。联合国可持续发展目标（UN SDGs）的第 12 项是“确保采用可持续的消费和生产模式”。

这一目标包括到 2030 年在零售和消费者层面，全球人均食物浪费减少一半，并减少生产和供应链中的食物损失。

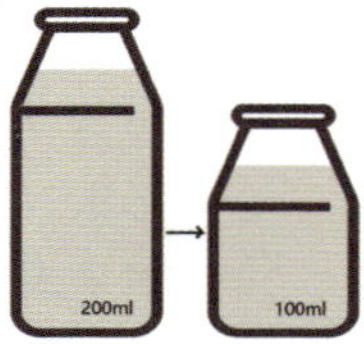

因此，食品行业采用了新的解决方案和技术以减少食物浪费，包括使用可重新封口的包装、小包装和进行分包，以及通过提高运输和存储系统的效率来延长产品的保质期。

目前，全球 2/3 的食物浪费是由于食物变质。

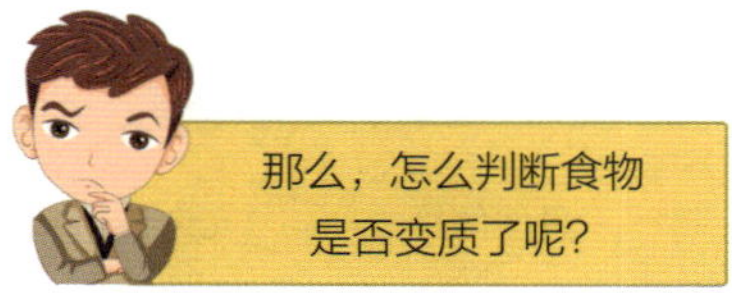

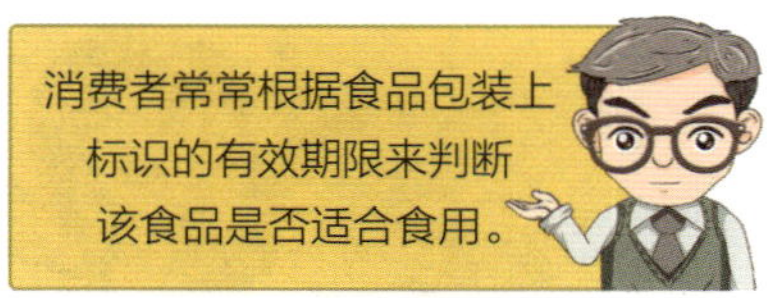

例如，包装袋上写着 2022 年 12 月 31 日过期，或允许使用日期为 2022 年 12 月 31 日，又或者允许出售日期为 2022 年 12 月 15 日，再或者最佳使用日期为 2022 年 12 月 15 日等。

有时候过了保质期也并不意味着就一定变质了，也有可能只是超过了“最佳使用日期”。

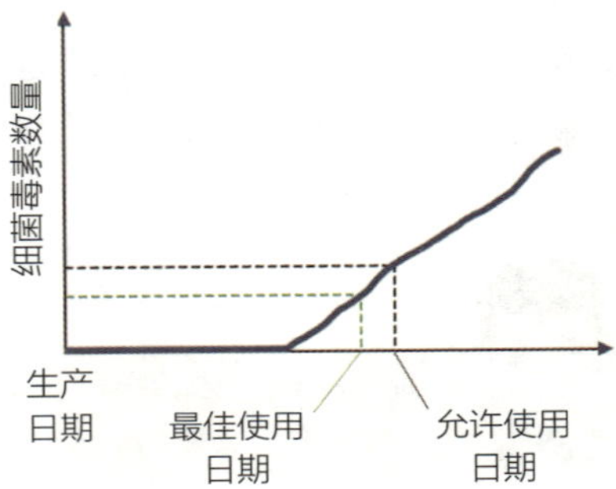

“允许使用日期”一般是指在保质期内进行了微生物测试，一旦微生物超过一定水平，产品就被视为“生命结束”。“最佳使用日期”则要通过一些测试，如：感官评估，判断产品的外观、气味、味道和口感；质地分析，测试烘焙产品中的腐败程度；化学分析，评估产品口味特征中的腐坏和腐臭；等等。

在世界各地，为了减少食物浪费，很多组织都在努力解决消费者对日期标签的困惑。

有研究指出，让消费者更清楚地了解“最佳使用日期”和“允许使用日期”的含义将有助于他们减少对食物的浪费。

当然还有一个方法，就是用更高级的包装防止食品变质，以延长食品的保质期。

纳米包装可以减缓食品的腐败速度并提高其质量和安全性。用更长的保质期提高食品供应水平、降低储存要求，从而最大限度地减少家庭食物浪费。

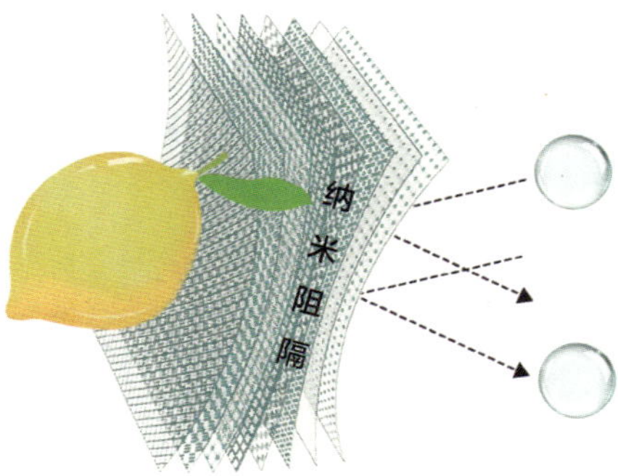

食物浪费产生的碳排放要显著高于生产纳米材料产生的碳排放。

参考文献

[1] 中国城市温室气体工作组.中国产品全生命周期温室气体排放系数集（2022）[R/OL]. 北京: 2022. http://lca.cityghg.com/.

[2] Bruce I, Yifan T, Soumya S, et al. Assessment of carbon footprint of nano-packaging considering potential food waste reduction due to shelf life extension [J]. Resources, Conservation and Recycling, 2019, 149:322–331.

[3] Ho A, Pp B, Tm A, et al. The safety of nanomaterials in food production and packaging [J]. Current Research in Food Science, 2022, 5: 763–774.

[4] Vera Amicarelli, et al. Global warming potential of food waste through the life cycle assessment: An analytical review [J]. Environmental Impact Assessment Review，2021, 91: 106677.

低碳生活
住宅篇

看看你家的碳足迹能排第几名？

家庭的温室气体排放来自建筑物内燃料燃烧取暖、家庭烹饪及用电。

2020 年，全球家庭直接碳排放占全球碳排放总量的 6%，家庭间接碳排放占 11%。

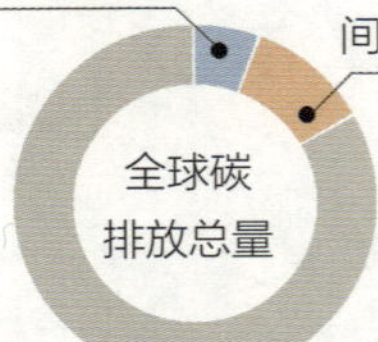

家庭直接碳排放来自取暖或烹饪时用的化石燃料、废弃物和废水处理、空调中制冷剂的泄漏。

不充分燃烧

$$CH_4+2O_2=CO_2+2H_2O$$

充分燃烧

$$2CH_4+3O_2=2CO_2+4H_2O$$

用于取暖和烹饪的天然气与油品的使用会排放一定量的二氧化碳、甲烷和氧化亚氮（N_2O）。

天然气消费排放占家庭直接碳排放的 79%。

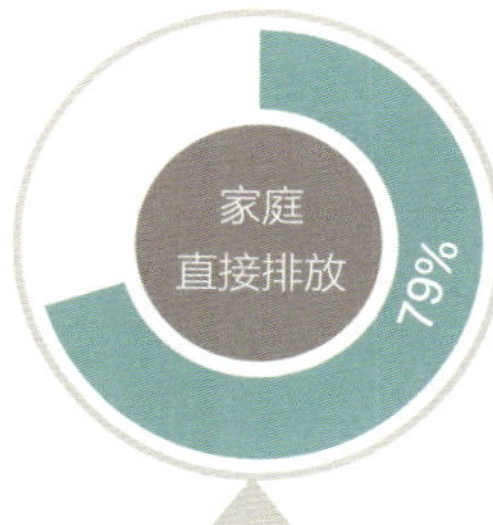

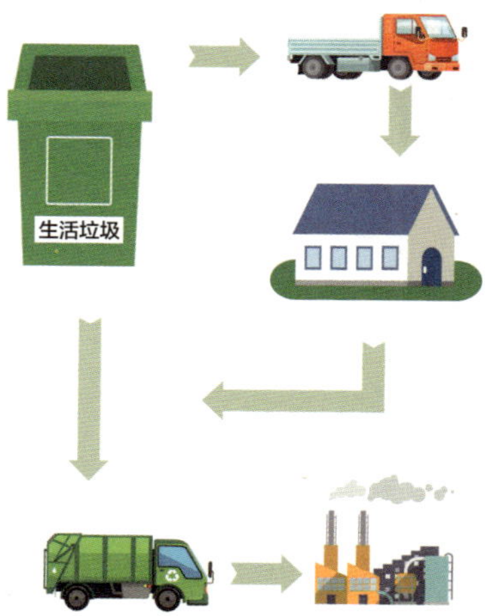

家庭日常生活中产生的生活垃圾在送往垃圾处理场处置时会排放一定量的甲烷，废水处置同样也会排放一定量的甲烷和氧化亚氮。

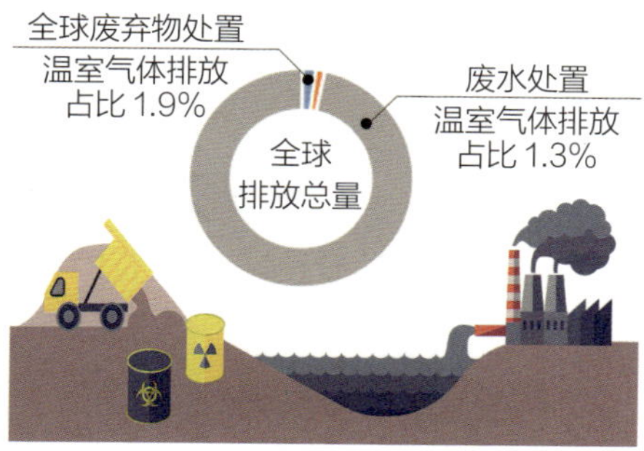

全球废弃物和废水处置的温室气体排放分别占全球排放总量的 1.9% 和 1.3%。

空调和制冷系统中使用的含氟温室气体——主要是氢氟烃（HFCs）——可能会在维修期间从设备中泄漏出来。

家庭间接碳排放是由用电产生的，如照明和使用电器。间接排放占家庭总排放的 70% 左右。

随着家庭生活水平的提高，电力逐渐成为家庭中的主要能源。2020 年，已经有 26% 的美国家庭将电力作为唯一能源。其中，全电动化家庭比例最高的州是佛罗里达州，为 77%；比例最低的州是纽约州和密歇根州，占比只有 7%。这些地区一般位于较冷气候区，那里的空间供暖和热水设备倾向于使用天然气等其他化石燃料。

不同家庭产生的碳排放量差异很大。

家庭碳足迹往往与收入密切相关，通常会随收入的增加而增加。全球每个家庭每年的碳足迹为 19.3 ～ 91.5 吨二氧化碳当量。

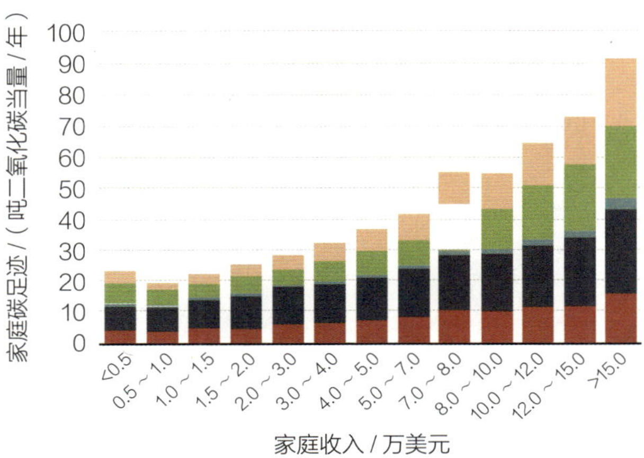

参考文献

[1] 中国城市温室气体工作组.中国产品全生命周期温室气体排放系数集（2022）[R/OL]. 北京: 2022. http://lca.cityghg.com/.

[2] EIA. Over one-quarter of U.S. households use electricity as the only source of energy [EB/OL]. (2022-07-12) [2022-10-01]. https://www.eia.gov/todayinenergy/detail.php?id=52999.

[3]EPA.Sources of Greenhouse Gas Emissions [EB/OL]. (2022-04-14) [2022-10-01]. https://www.epa.gov/ghgemissions/sources-greenhouse-gas-emissions#commercial-and-residential.

[4] Goldstein B, Gounaridis D, Newell J P . The carbon footprint of household energy use in the United States [J]. Proceedings of the National Academy of Sciences, 2020, 117(32):201922205.

[5] Song K, Qu S, Taiebat M, et al. Scale, distribution and variations of global greenhouse gas emissions driven by U.S. households [J]. Environment International, 2019, 133:105137.

究竟谁才是“排碳刺客”？

躲过了“雪糕刺客”“水果刺客”，你能躲过“排碳刺客”吗？

要想判断谁是“排碳刺客”？就要知道家庭中每个“成员”的碳排放是多少？

首先出场的是一号选手——厨房燃气灶。用它做一天饭平均消耗的天然气约为 1 立方米，排放 2.16 千克二氧化碳。

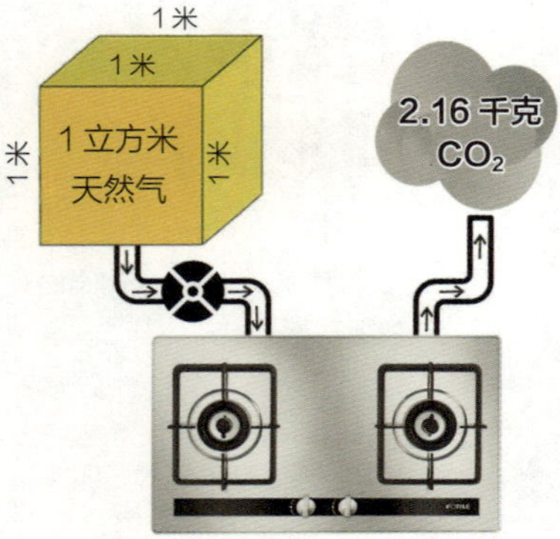

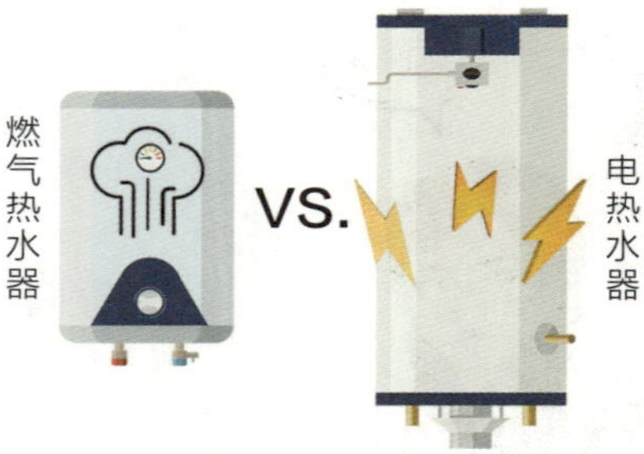

二号选手是热水器。目前，家庭常用的热水器分为两种：一种是燃气热水器，另一种是电热水器。

假设燃气热水器为 50 升，供三口之家洗澡一天要消耗 3 立方米天然气，排放 6.48 千克二氧化碳。

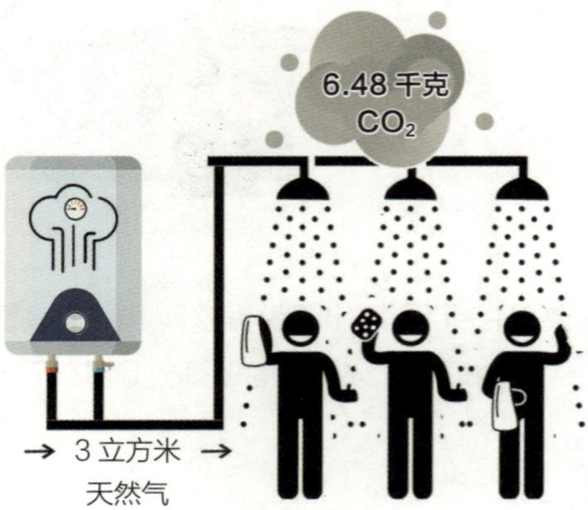

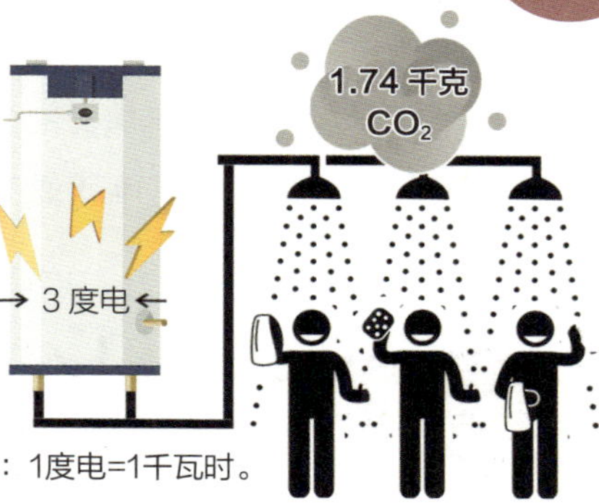

注：1度电=1千瓦时。

假设电热水器同样为 50 升，供三口之家洗澡一天要消耗 3 度电，排放 1.74 千克二氧化碳。

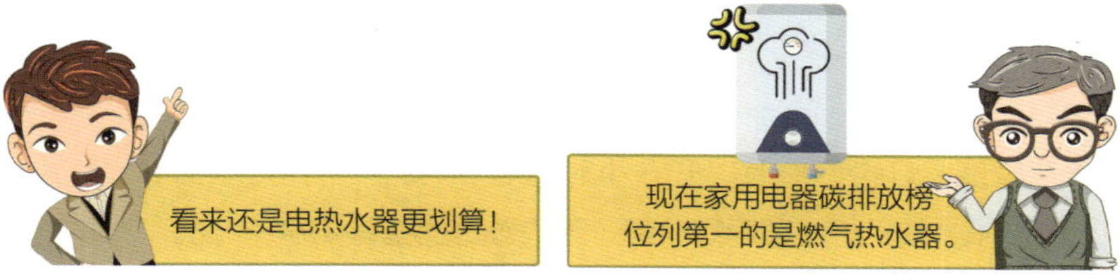

接下来出场的是三号选手——冰箱。

冰箱的耗电量会受其容量大小、外界温度、本机温度调节、开门频率、制冷剂等因素的影响。

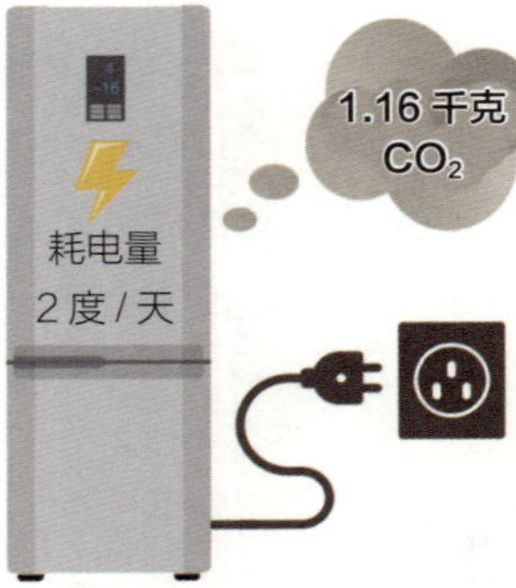

但是一般电冰箱 24 小时的耗电量不会超过 2 度电，每天产生的碳排放最多 1.16 千克。

一般家庭吊灯约 200 瓦，开 8 小时用电 1.6 度。一个家庭若有 5 个左右的吊灯或照明灯，那一天的碳排放就有 4.64 千克。

1.5 匹的空调每小时耗电约 1.1 度。炎热的夏天基本 24 小时都会开着空调，即使按 20 个小时计算，每天的耗电量也有 22 度，会排放 12.76 千克二氧化碳。

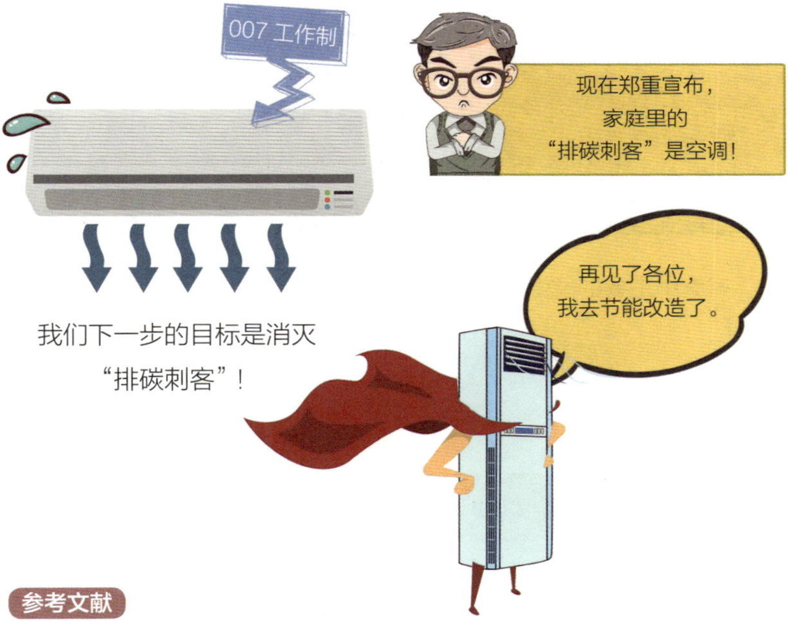

参考文献

[1] 中国城市温室气体工作组.中国产品全生命周期温室气体排放系数集（2022）[R/OL]. 北京: 2022. http://lca.cityghg.com/.

[2] What uses the most electricity in my home? [EB/OL]. (2021-03-05) [2022-10-01]. https://www.directenergy.com/learning-center/what-uses-most-electricity-in-my-home.

[3] Yellowblue, 5 Biggest electricity users in the home [EB/OL]. (2017-08-23) [2022-10-01]. https://yellowbluetech.com/2017/08/23/5-biggest-electricity-users-in-the-home/#:~:text=%20The%20top%20five%20biggest%20electricity%20users%20in,Energy%20Information%20Administration%20%28EIA%29%20estimates%20that...%20More%20.

[4] The choose energy team, what are the biggest home energy users? [EB/OL]. (2016-05-13) [2022-10-01]. https://www.chooseenergy.com/blog/energy-tips/what-are-the-biggest-home-energy-users/.

省钱又减碳的居家神器，你怎么能不知道？

目前，家庭中主要的能源消费就是用电。如果想省钱又低碳，就要严格控制家庭用电量。

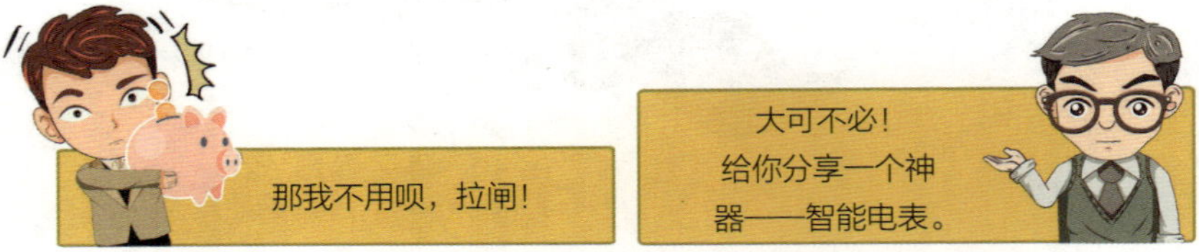

智能电表可以显示家庭中各种电器的实时用电，以及这种电器在过去一小时、一周和一个月内使用了多少能源，还包括它的成本，甚至可以告诉消费者产生了多少二氧化碳。

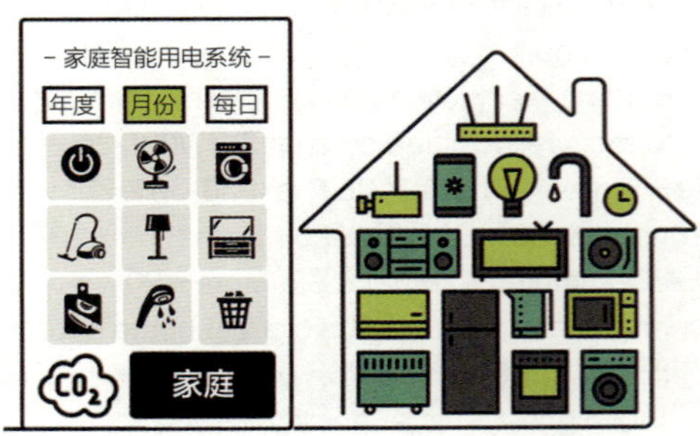

智能电表可以定时将用电、用能和用水数据自动发送至电网公司、燃气公司和自来水公司，这意味着抄电表、抄水表统统成为过去时。

智能电表还可以连接到手机端和电脑端，即使不在家也能随时切断某一耗电大户的电。

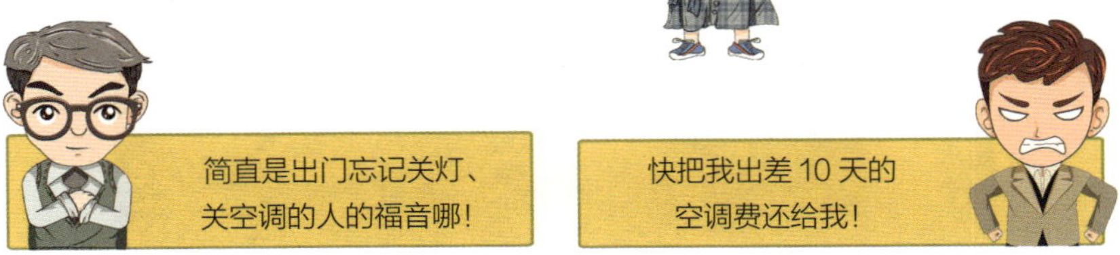

通过智能电表可以减少用电高峰期电的使用量，因为高峰期电费更贵。这可以帮助我们充分利用可再生能源，如太阳能或风能，可谓又节能又省钱。

根据欧洲能源研究机构 Delta-EE 的说法，安装智能电表可以为客户节省 50 英镑（约 415 元）以上的电费，或为高能耗家庭节省 100 英镑（约 830 元）以上的电费。

从安装智能电表的那一刻起，你就在帮助国家减少碳排放。借助智能电表，国家可以更好地整合风能、太阳能和水能等可再生能源，减少对化石燃料的依赖，从而大大减少整个国家的碳足迹。

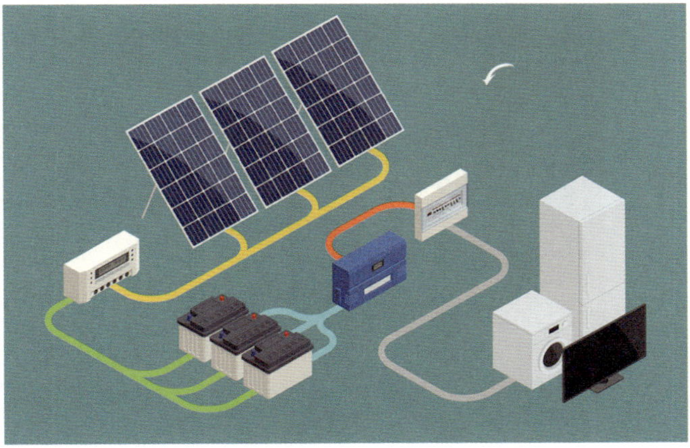

到 2020 年，英国的所有家庭和小型企业已经安装了超过 4700 万个智能电表，美国智能电表的安装量也超过了 9480 万个。

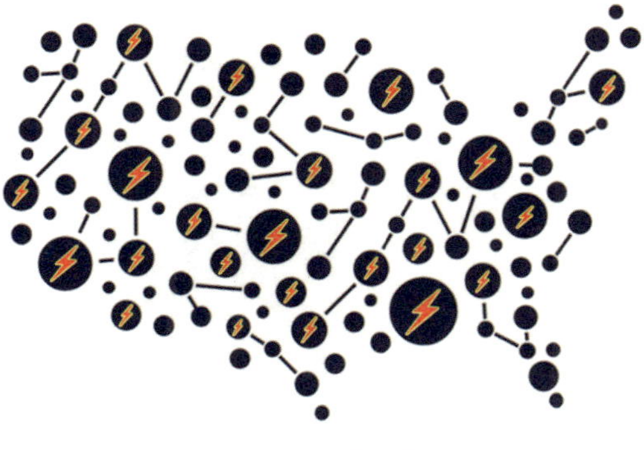

英国已经要求每个家庭都必须配备一个智能电表。如果消费者选择不安装，那么他们可能无法获得税收福利。

根据美国能源部的数据，智能电表有助于将能源使用量减少超过 50%。

如果我国家庭全部安装智能电表，那么一年可省电近 5700 亿千瓦时，可减排 3020 万吨二氧化碳。

参考文献

[1] 中国城市温室气体工作组.中国产品全生命周期温室气体排放系数集（2022）[R/OL]. 北京: 2022. http://lca.cityghg.com/.

[2] Clint DeBoer. Smart electricity power meters — everything you need to know [EB/OL]. (2021-05-24) [2022-10-07]. https://www.protoolreviews.com/smart-electricity-power-meters/.

[3] Smart meters: the advantages and disadvantages [EB/OL]. (2021-09-16) [2022-10-07]. https://lookaftermybills.com/blog/advantages-disadvantages-of-smart-meters/.

[4] IotaComm. What are smart electricity [EB/OL]. (2019-02-16) [2022-10-07]. Meters?https://www.iotacommunications.com/blog/smart-electricity-meter/.

空调减碳、省电小妙招

历经 40 年，空调已经完成了“高能耗奢侈品—可选耐用消费品—必选耐用消费品”的转型。

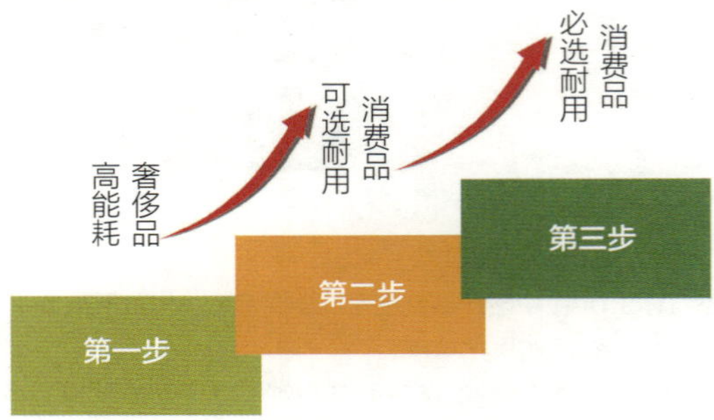

据预测，全球空调使用量将在 2050 年增至当前的 5 倍，达到 45 亿台。

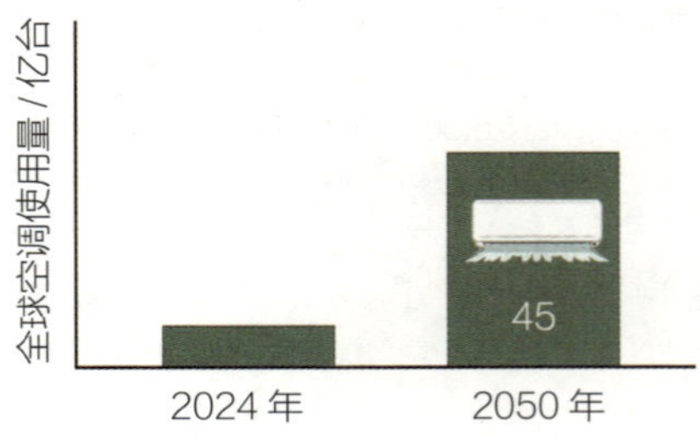

空调作为家庭的排碳大户会消耗大量能源，产生非常多的碳排放。

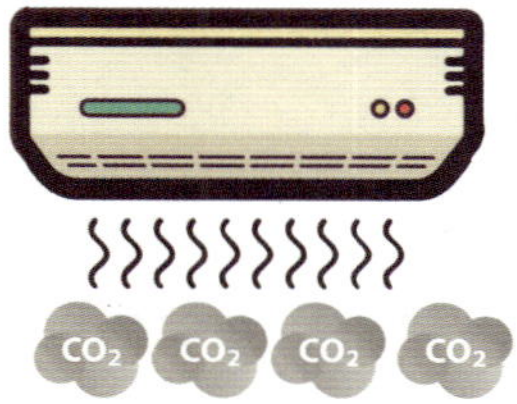

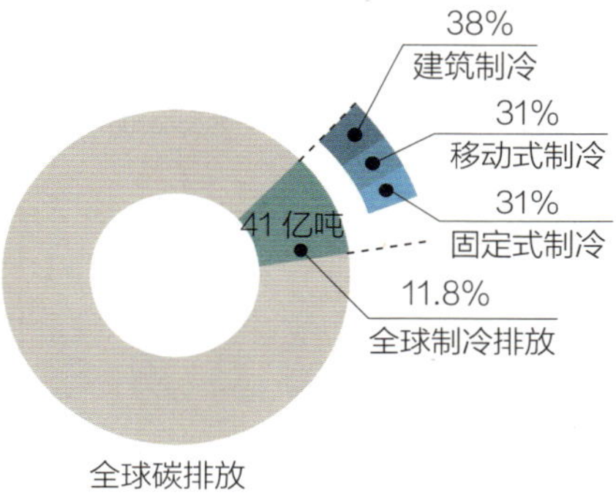

2018 年，全球制冷排放达到 41 亿吨二氧化碳当量，约占当年全球碳排放的 11.8%。其中，建筑制冷占比 38%，移动式制冷、冷库等固定式制冷各占 31%。

按照现有趋势发展，到 2050 年全球仅民用空调的增长就会带来 1320 亿～1670 亿吨的累计二氧化碳排放。

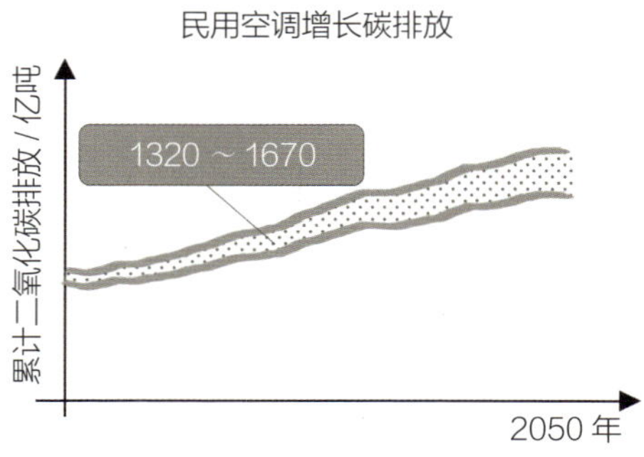

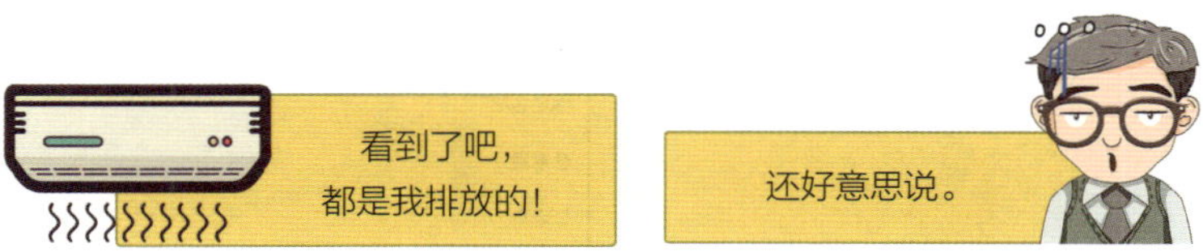

到 21 世纪末，空调产生的温室气体排放将导致全球气温上升 0.5 ℃。

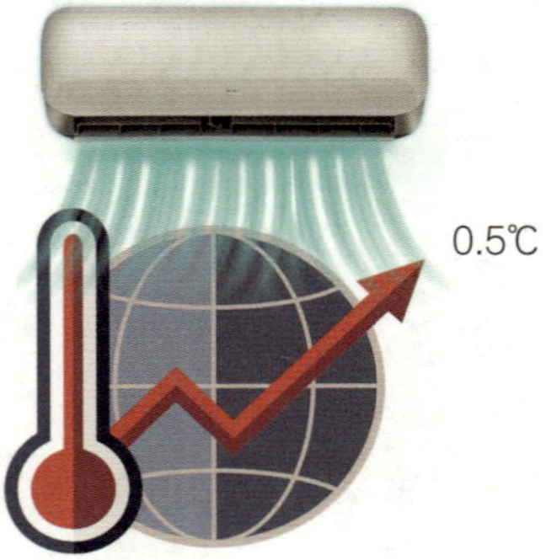

届时，每年开空调的时间会越来越长，家庭用电量也会越来越高。

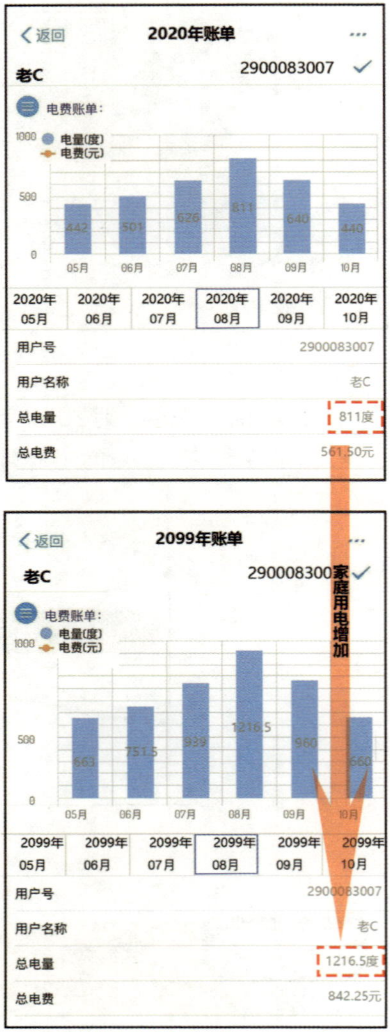

空调减碳，势在必行！目前，已经有多种技术可以降低空调碳排放。一是逐渐淘汰含氟空调，使用二氧化碳或水等天然制冷剂。

二是采用热泵系统。

它是将热量从一个区域转移到另一个区域，而不是重新产生新的热量。

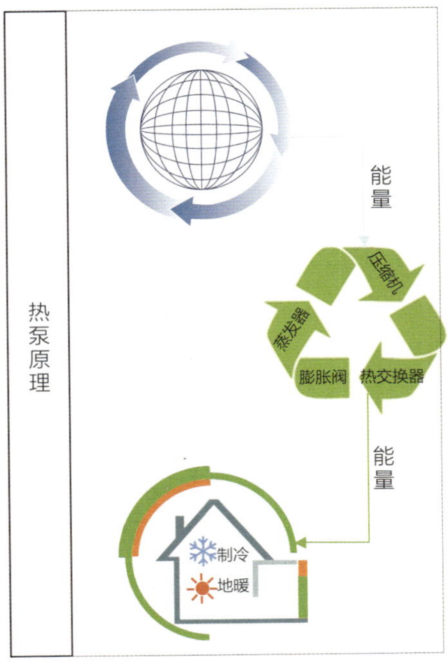

例如，地热热泵中央空调将热交换机埋在地下，并利用高强度塑料管组成一个封闭的循环系统，利用水流在管道中的循环流动来实现地缘与土壤之间冷热交换的功能。

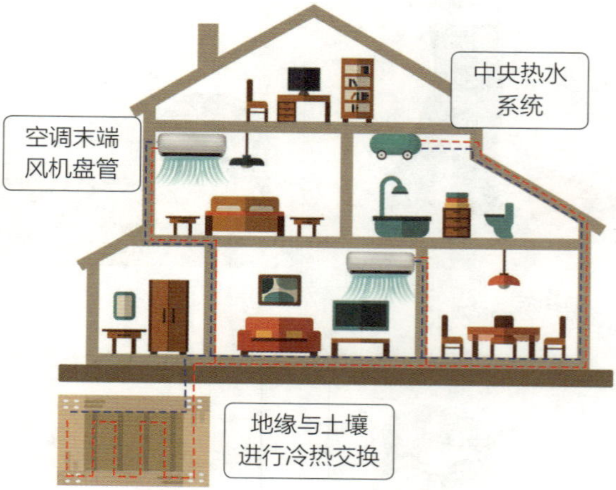

目前，欧洲一些地区的供冷也采用热泵系统，因而也称之为冰动力装置。冷却后的水或冰通过管道被输送到建筑物中，再通过通风系统将冷空气输送至室内，最后水被回收再次冷却。

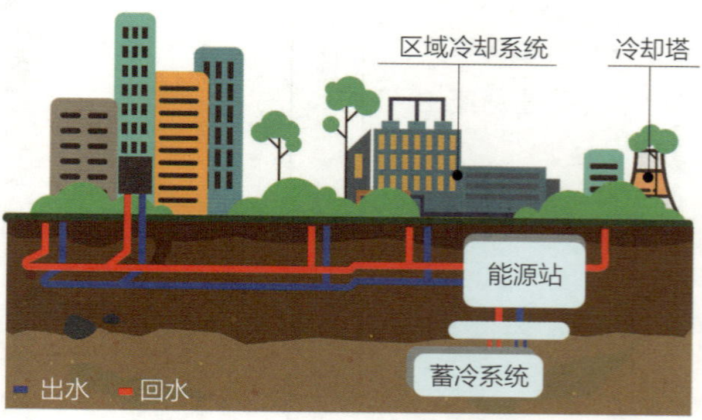

与传统空调相比，该系统减少了近 30% 的能源使用，还帮助居民和企业减少了碳足迹和水电费。安装节能空调后，平均每人每月最高可节省 30% 的水电费。

空调温度不要过低。

推荐家用空调夏季设置的温度为 26 ～ 27℃，温度每调高 1℃，可降低 7% ～ 10% 的用电负荷，一天可节约 1.26 ～ 1.8 度电，减排 0.67 ～ 0.95 千克二氧化碳。

多选择自动模式或睡眠模式。

在这种模式下，空调会根据房间的不同情况自由选择最合适的温度和风量。等房间降到合适的温度，空调的耗电量就开始慢慢减少，平均每天能节省 3 度电，减排 1.59 千克二氧化碳。

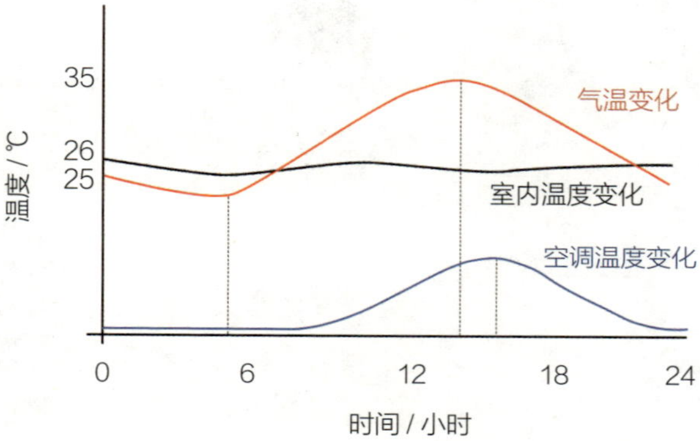

关窗户、拉窗帘。

夏季白天开空调时关上窗户、拉上窗帘可避免冷气流失。

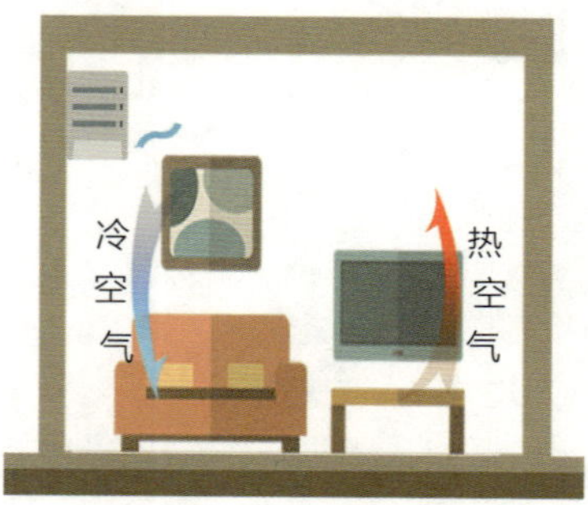

将空调的出风口对准天花板。

冷空气的密度比较大，所以它会往下沉，而热空气则会往上升。因此，要想尽可能节省能耗，最正确的方式是在空调制冷时，让出风口对准天花板。

不要重复开关空调。

以一台立式空调为例，启动时要消耗八九百瓦的电量，而要维持正常运行仅需要一二百瓦的电。所以，重复开关空调时耗电量自然会增加。每减少一次重复开机，可节约 0.08 度电，减排 0.04 千克二氧化碳。

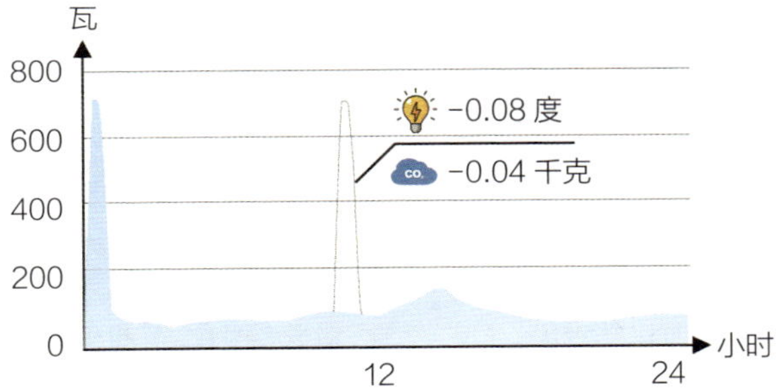

参考文献

[1] 中国城市温室气体工作组.中国产品全生命周期温室气体排放系数集（2022）[R/OL]. 北京: 2022. http://lca.cityghg.com/.

[2] Matt Simon. What if air conditioners could help save the planet instead of destroying it? [EB/OL]. (2019-08-01) [2022-10-15]. https://www.scientificamerican.com/article/how-to-prevent-air-conditioners-from-heating-the-planet/.

[3] Eco-friendly air conditioning: what to look for in sustainable AC solutions [EB/OL]. (2020-06-15) [2022-10-15]. https://www.crownpower.com.au/blog/eco-friendly-air-conditioning-what-to-look-for-in-sustainable-ac-solutions/.

[4] Jonathan o'callaghan. Out with air conditioners, in with chilled water — how Europe could slash its cooling footprint [EB/OL]. (2020-09-10) [2022-10-15]. https://ec.europa.eu/research-and-innovation/en/horizon-magazine/out-air-conditioners-chilled-water-how-europe-could-slash-its-cooling-footprint.

[5] Emily Newton. How do air conditioners contribute to climate change? [EB/OL]. (2020-11-20) [2022-10-15]. https://energycentral.com/c/ec/how-do-air-conditioners-contribute-climate-change.

城市垃圾会带来多少碳排放呢？

全球每个居民在生活中都会产生某种类型的废弃物，如城市固体废物（Municipal Solid Waste，MSW）、危险废物、工业废物、农业和动物废物、医疗废物、建筑垃圾和污水、污泥等。

在过去的几十年里，快速的工业化导致城市固体废物的产生量猛增。全世界每年产生超过 20 亿吨的城市固体废物，足以填满超过 80 万个奥林匹克赛事规模的游泳池。

预计到 2030 年，全球城市固体废物将激增至 25.9 亿吨，到 2050 年将增至 35.39 亿吨，直到 21 世纪末都不会达到峰值，还会持续增长。

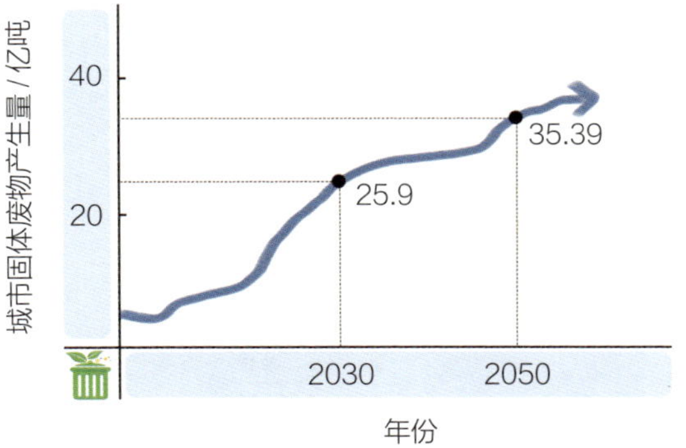

城市固体废物的产生会受到经济活动、人群消费和人口增长的影响。北美洲和欧洲是人均垃圾产生量最高的地区，即使到 2050 年也不会改变。

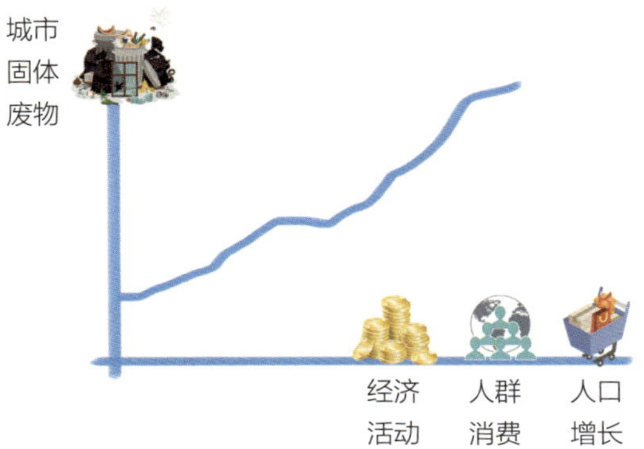

这些城市固体废物（以下简称垃圾）一般包括食物垃圾、塑料、纸张、玻璃、金属等，但不同地区的垃圾构成有很大差异。

以中国和印度为例，有一半左右的生活垃圾是有机物，即食物垃圾，而美国食物垃圾的占比仅有 21.6%。

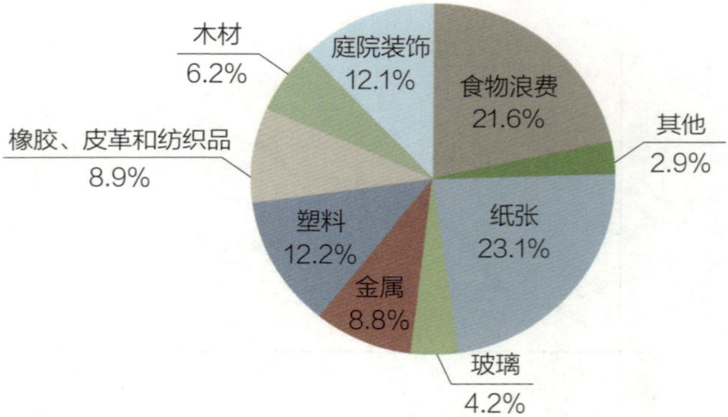

美国垃圾的种类及占比

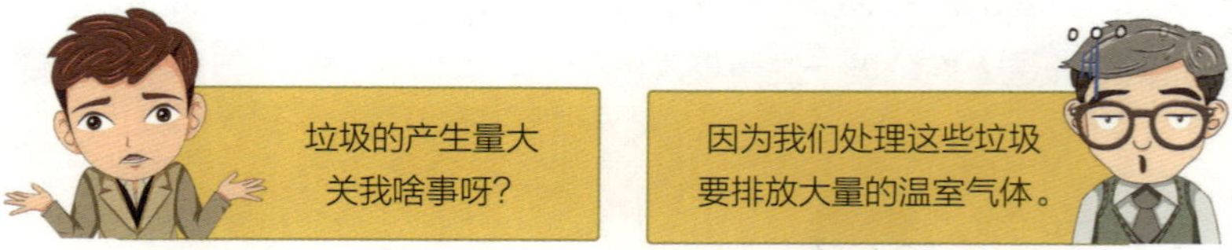

垃圾相关排放主要体现在三个方面：

一是可生物降解的有机物在厌氧过程中产生的甲烷，主要为垃圾填埋场产生的填埋气体；

二是垃圾焚烧处理过程中排放的部分二氧化碳，即燃烧化石燃料、塑料、助燃剂等产生的二氧化碳；

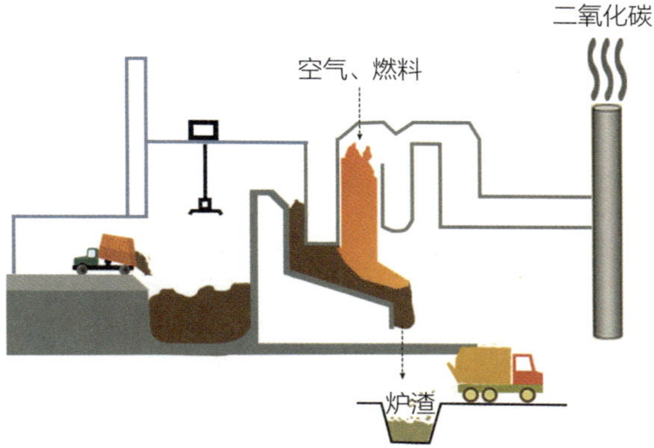

三是垃圾露天焚烧处理过程及堆肥过程中产生的氧化亚氮。

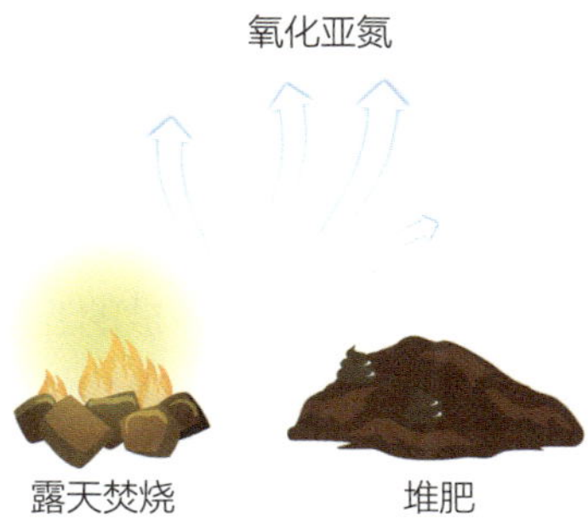

生活垃圾的处理方式有回收利用、焚烧、填埋、堆肥等，而甲烷是垃圾处理领域主要排放的温室气体。

甲烷排放是全球变暖的第二大原因。与二氧化碳相比，甲烷受到的关注较少，但它的威力要比二氧化碳大得多！在同等重量条件下，甲烷的影响效应是二氧化碳的 25 倍。

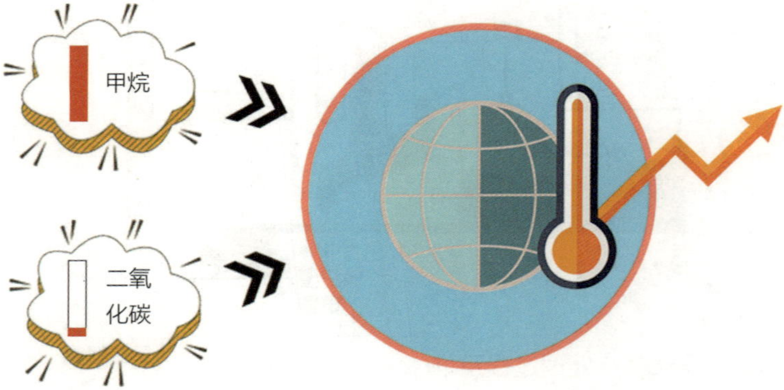

据 EPA 统计，甲烷排放占全球温室气体排放的 17% 左右，生活垃圾领域排放的温室气体占全球的 3% ～ 5%。

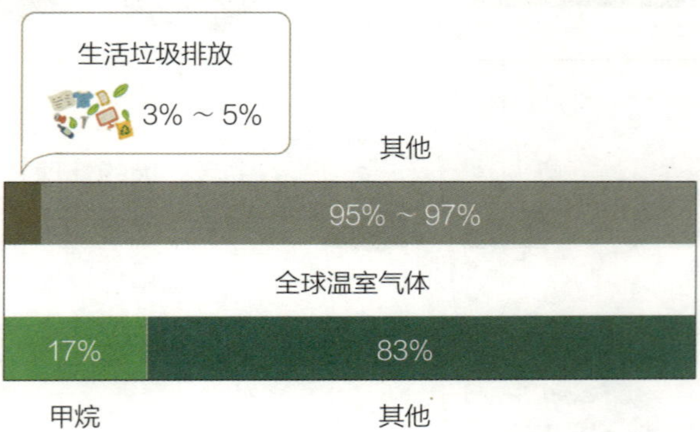

固体废物领域温室气体排放的主要来源是填埋场，
而填埋场排放中甲烷的贡献率为 93%。

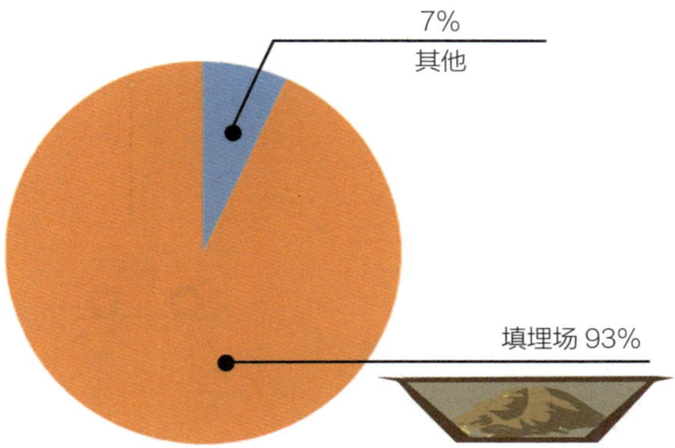

甲烷排放占比

布宜诺斯艾利斯一个名为 Norte III 的大型垃圾填埋场的甲烷排放占该市总排放量的一半。孟买的一个垃圾填埋场占该市甲烷排放量的 26%。

中国固体废物处置的总排放约为 1.04 亿吨二氧化碳，相当于北京市一年的总排放（1.36 万吨）。其中，垃圾填埋占固体废物处置排放的九成（91.11%）。

平均每人每年仅“扔垃圾”这个小动作就会产生 74.3 千克二氧化碳排放，相当于开车 2600 多千米产生的碳排放。

为加强公众对零废弃理念的理解，万科公益基金会、零萌公益和深圳壹基金公益基金会自 2018 年共同发起“零废弃日”这一全国性公众倡导活动，在每年 8 月的第三个星期六举办。

参考文献

[1] 中国城市温室气体工作组.中国产品全生命周期温室气体排放系数集（2022）[R/OL]. 北京: 2022. http://lca.cityghg.com/.

[2] EPA. What are the trends in wastes and their effects on human health and the environment? [EB/OL]. (2022-05-15) [2022-11-05]. https://www.epa.gov/report-environment/wastes.

[3] Wang Y, Shi Y, Zhou J, et al. Implementation effect of municipal solid waste mandatory sorting policy in Shanghai [J]. Journal of Environmental Management, 2021, 298(21):113512.

[4] Chen M C, Bodirsky B L, Krueger T, et al. The world's growing municipal solid waste: trends and impacts[J]. Environmental Research Letters, 2020, 15(7): 074021.

[5] E&T. Half a city's methane emissions may come from one landfill [EB/OL]. (2022-08-22) [2022-11-05]. https://eandt.theiet.org/content/articles/2022/08/half-a-citys-methane-emissions-may-come-from-one-landfill-study-finds/.

低碳高效的垃圾分类

德国 1990 年废弃物管理领域的年碳排放量是 3800 万吨，而到 2006 年已经降为年减排 1800 万吨，实现每年净减排 5600 万吨。

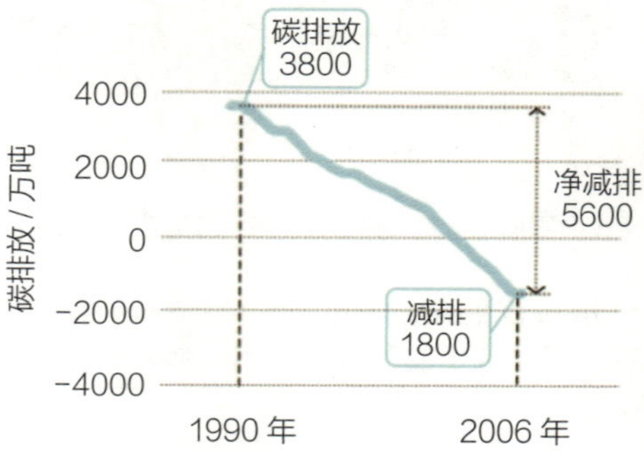

德国废弃物领域碳排放

德国垃圾处理碳排放进展

2019年，德国温室气体总排放量约为8.1亿吨，其中来自固体废物领域的温室气体排放量占比1.1%。与30年前相比，德国温室气体排放量下降了4.4亿吨，其中固体废物领域的贡献约为2900万吨，贡献占比达6.5%。

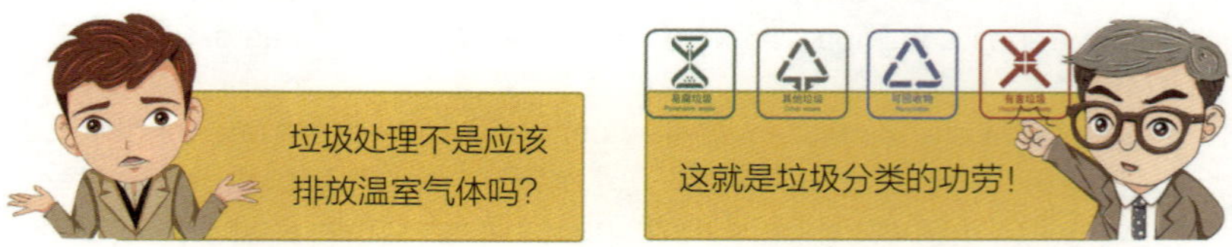

垃圾分类之后可以根据不同种类的垃圾分别进行处理，而不是一味地全部填埋、焚烧，因此垃圾分类可以减少二氧化碳排放。

目前，我国垃圾分类主要采用四分法——可回收垃圾、有害垃圾、厨余垃圾和其他垃圾。

可回收垃圾：

主要包括废纸张、废塑料、废玻璃制品、废金属和废织物五大类，其中废纸主要包括报纸、期刊、图书、各种包装纸、办公用纸、广告纸、纸盒等。

有害垃圾：

主要包括废电池、废荧光灯管、废含汞温度计、过期药品等，这些垃圾需要进行特殊处理。

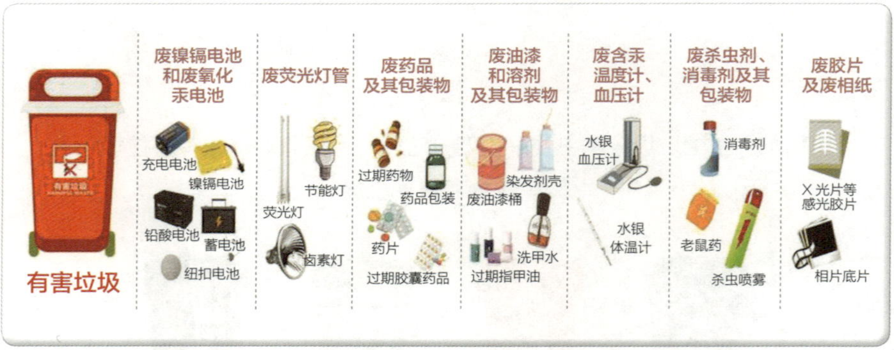

厨余垃圾：

主要包括剩菜剩饭、小骨头、菜根菜叶、果皮等食品类废物，这些垃圾经生物技术就地堆肥处理后，每吨可生产约 0.3 吨有机肥料。

其他垃圾：

主要包括除上述几类垃圾之外的砖瓦陶瓷、渣土、卫生间废纸、纸巾等难以回收的废弃物，用适当的方法处理可有效减少对地下水、地表水、土壤及空气的污染。

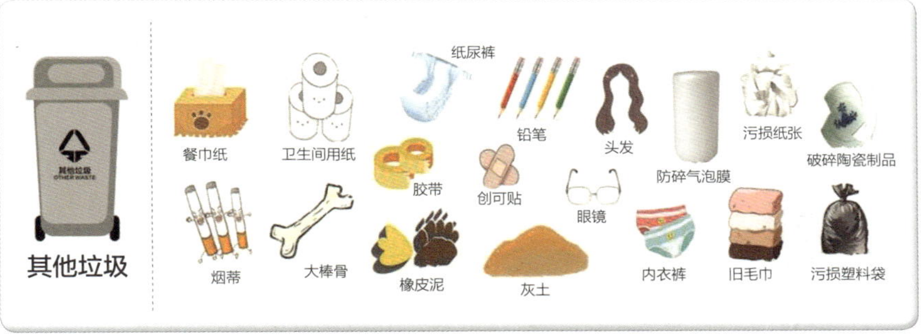

一方面，垃圾分类后去掉能回收、不易降解的物质，最高能减少 50% 的量。

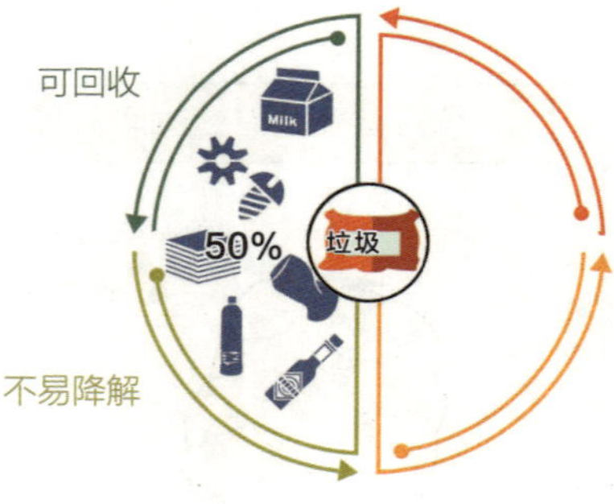

另一方面，分类后的垃圾便于精细化处置。可回收垃圾再次利用起来，有害垃圾单独处置，厨余垃圾去堆肥，其他垃圾去焚烧发电。

目前，我国有 46 个城市先行实施了生活垃圾强制分类。如果这些城市严格按照要求分类，那么我国每年可减排约 1288 万吨二氧化碳，平均每天减少 3.5 万吨二氧化碳排放。

46个城市名单

2017年3月，国家发展改革委、住房城乡建设部发布《生活垃圾分类制度实施方案》，要求至 2020年，直辖市、省会城市和计划单列市及住房城乡建设部确定的第一批生活垃圾分类示范城市等全国46个城市先行实施生活垃圾强制分类。

此外，绿化垃圾堆肥和厨余垃圾消化每年可产生有机肥 400 多万吨，避免了因化肥生产造成的 700 多万吨二氧化碳排放，同时减少了化肥施用过程中产生的约 215 万吨的二氧化碳排放。

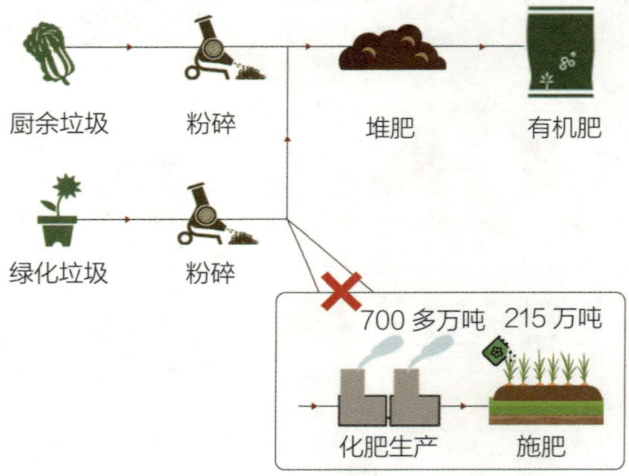

参考文献

[1] 中国城市温室气体工作组.中国产品全生命周期温室气体排放系数集（2022）[R/OL]. 北京: 2022. http://lca.cityghg.com/.

[2] 中华环保联合会. 厨余垃圾全生命周期低碳管理综述 [R]. 2021.

[3] David Burrows. The carbon cure: how to cut our waste emission [EB/OL]. (2022-06-15) [2022-11-13]. https://eandt.theiet.org/content/articles/2022/06/how-to-cut-carbon-emissions-from-waste/.

[4] Sc A, Jh B, Tx A, et al. Carbon emissions under different domestic waste treatment modes induced by garbage classification: case study in pilot communities in Shanghai, China[J]. Science of The Total Environment, 2020, 717: 137197.

[5] 碳阻迹. 万科垃圾分类试点小区减排量核算报告 [R]. 2019.

秋天的第一杯奶茶 由“垃圾”买单!

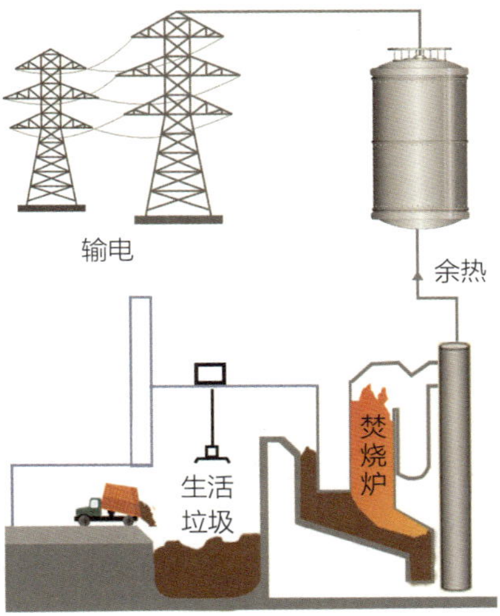

中国 2020 年产生的城市生活垃圾有 2.35 亿吨，平均回收率约为 30%。与德国 67% 以上的回收率和欧盟 50% 以上的回收率相比，中国的回收率还是很低的。

中国每年约有 300 万吨废钢铁和 600 万吨废纸没有得到再次利用，有 60 多亿只废弃的干电池被随手丢弃，其中共含有约 7 万吨锌和 10 万吨二氧化锰。

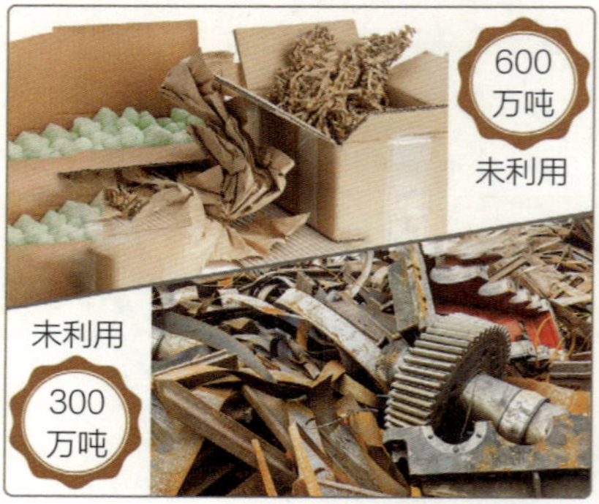

以塑料为例，一些组织将其称为“新煤炭”。许多塑料在被生产出来以后只用过一次就被烧掉了。

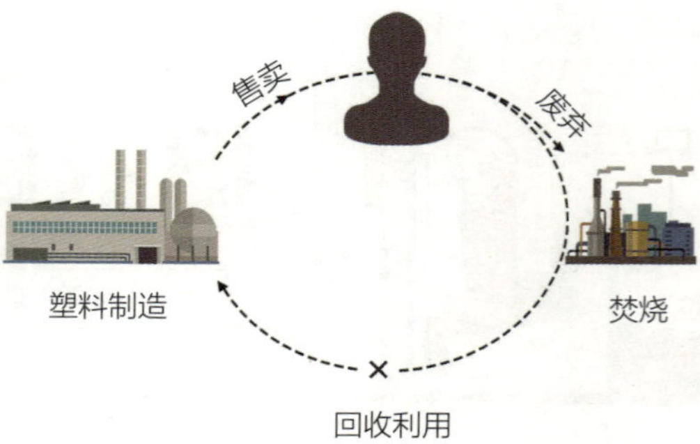

国际环境法中心（CIEL）提出：“到 2050 年，塑料的生产和处置可能会产生 56 万亿吨的排放量，占地球全部剩余碳预算的 14%。”

如果将这些塑料进行回收再利用，将会节省很多资源，少排放许多二氧化碳和其他污染物。所以，我们要进行垃圾分类，将能回收再利用的垃圾全部再利用起来。

欧盟计划到 2030 年回收 65% 的废物，届时只有 10% 左右的垃圾会进入垃圾填埋场。

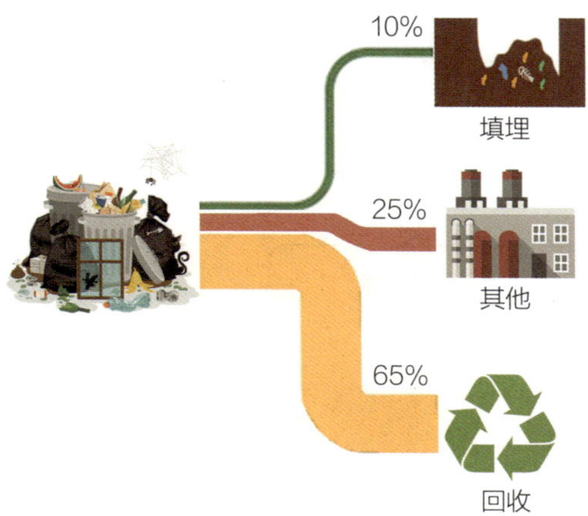

中国在《“十四五”全国城市基础设施建设规划》中也提到，到2025年，城市生活垃圾回收利用率将不低于35%，城市生活垃圾资源化利用率不低于60%。

“十四五”城市基础设施主要发展指标

环卫系统	12	城市生活垃圾回收利用率（%）	—	≥35
	13	城市生活垃圾焚烧处理能力占比（%）	58.9	≥65（西部地区≥40）
	14	城市生活垃圾资源化利用率（%）	51.2	≥60
	15	城市建筑垃圾综合利用率（%）	—	≥50

打开支付宝，搜索“回收”，就会出现很多回收平台，如回收旧衣、数码产品、家电、图书、家具等。

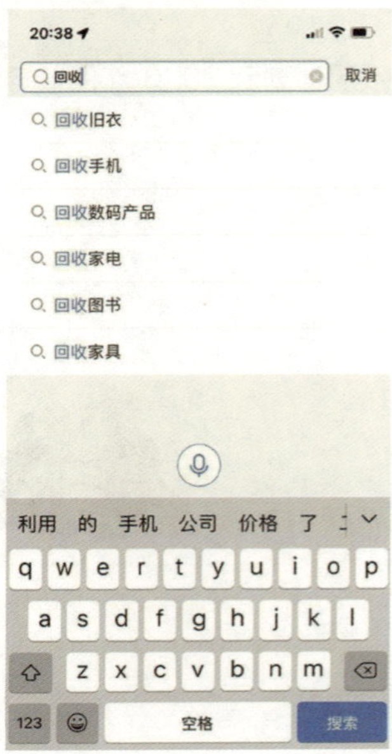

以回收旧衣为例，我们可以选择上门回收。目前，大部分平台旧衣回收的价格是0.5元/千克。有些平台提供的是电子货币，可以在其商城里兑换物品。

此外，还能获得蚂蚁能量。成功回收1千克旧物可以获得158克能量，每天最高能达到9763克呢！

参考文献

[1] 中国城市温室气体工作组.中国产品全生命周期温室气体排放系数集（2022）[R/OL]. 北京: 2022. http://lca.cityghg.com/.

[2] 中华环保联合会. 厨余垃圾全生命周期低碳管理综述 [R]. 2021.

[3] David Burrows. The carbon cure: how to cut our waste emission [EB/OL]. (2022-06-15) [2022-11-13]. https://eandt.theiet.org/content/articles/2022/06/how-to-cut-carbon-emissions-from-waste/.

[4] Sc A, Jh B, Tx A, et al. Carbon emissions under different domestic waste treatment modes induced by garbage classification: case study in pilot communities in Shanghai, China [J]. Science of The Total Environment, 2020, 717: 137197.

到2050年，你的房子还值钱吗？

IPCC 第六次评估报告预估了未来数十年、上百年的全球平均海平面上升情况。到 2150 年，在大幅减少排放（RCP2.6）的情景下，海平面会上升 0.5 ～ 1 米；在高排放情景下，海平面会上升 1 ～ 1.9 米。

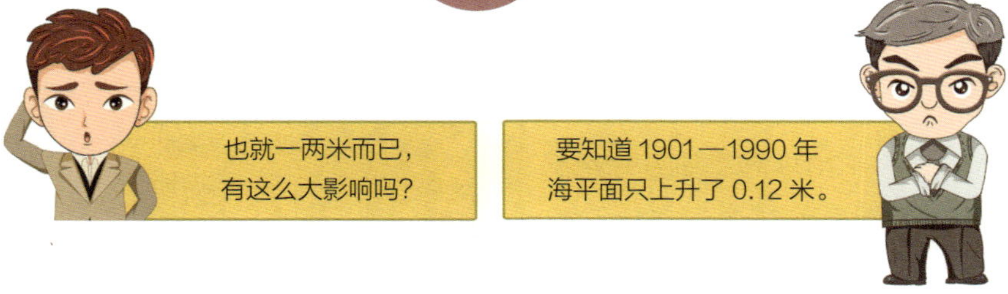

目前，全世界差不多有 4.1 亿人生活在海拔不足 2 米的地区。一旦海平面上升，这些人的生活恐怕都将受到严重影响。

在沿海地区，人们的资产将面临危险，日本、美国等一些沿海城市的房价也会因此开始下跌。

2005—2017 年，美国马萨诸塞州、缅因州、新罕布什尔州和罗得岛州的 250 万个沿海房源因海平面上升带来的洪水频发而导致其贬值了 4.03 亿美元（28.8 亿元人民币）。

不仅是在海边，由于气候变暖、藻类过多，居住在 Buckeye 湖和格兰德湖附近的俄亥俄州房主 2009—2015 年的房产总价值已经下降了 1.52 亿美元。

日本也存在类似的情况。2000—2017 年，日本长岛受海平面影响的高风险区每年房价的升值率比低风险区低 0.8%。

银行也开始注意到气候变化带来的风险。由于气候影响，银行开始减少对高风险地区房地产的抵押贷款，这将进一步推动该地区房屋贬值。

对中国而言，首当其冲就是上海。上海是中国地势最低的大城市之一，平均海拔只有 5 ~ 7 米。近 30 年来，上海沿海海平面上升了 115 毫米，高于全国沿海海平面的平均上升幅度（90 毫米）。

如果不控制二氧化碳排放，到 2050 年上海沿海海平面将进一步上升。

参考文献

[1] 中国城市温室气体工作组.中国产品全生命周期温室气体排放系数集（2022）[R/OL]. 北京: 2022. http://lca.cityghg.com/.

[2] Farnoosh Torabi. Climate change and real estate: the new calculus for homebuyers[EB/OL]. (2021-11-15) [2022-11-23]. https://www.cnet.com/home/smart-home/climate-change-and-real-estate-the-new-calculus-for-homebuyers/.

[3] Alexis Rankin. Climate can affect housing costs, communities [EB/OL]. (2021-07-15) [2022-11-23]. https://www.c2es.org/document/climate-can-affect-housing-costs-communities/.

[4] Geoff Williams. How Climate Change Could Impact Your Home Value[EB/OL]. (2019-08-20) [2022-11-23]. https://realestate.usnews.com/real-estate/articles/how-climate-change-could-impact-your-home-value.

[5] Erik J Martin. Should climate change dictate where you buy a house? [EB/OL]. (2020-09-14) [2022-11-23]. https://themortgagereports.com/64590/home-buying-during-climate-change-expert-advice-and-climate-change-maps.

低碳生活
出行篇

出门旅行，该怎么“行”？

这些交通方式的碳足迹有多少？跟着中伍一起去看看吧！

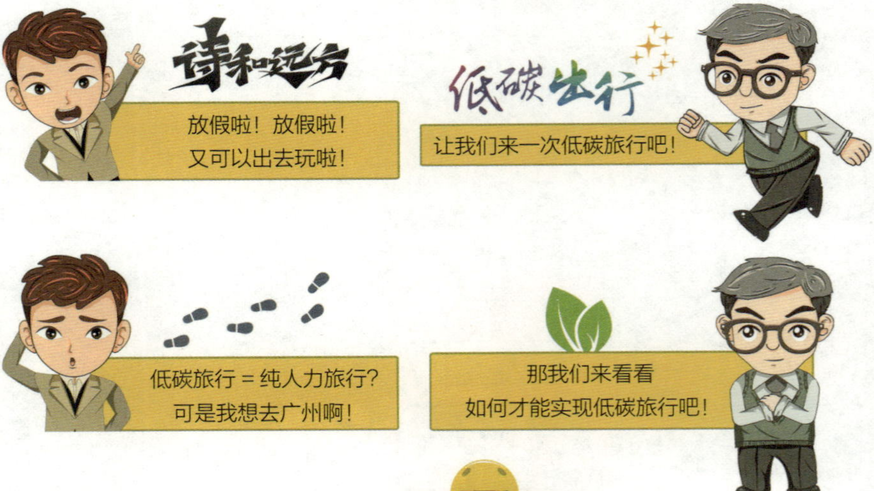

最低碳的旅行方式当然是步行或骑自行车。

从北京到广州有 2000 多千米，骑车的话还没到目的地估计我的假期就结束了。

用自行车代替汽车进行短途旅行可以减少约 75% 的旅行排放。

其次是高铁。

对于中等距离旅行，乘坐高铁比驾驶汽车可以减少约 80% 的二氧化碳排放，与乘坐飞机相比也可以减少约 84% 的碳排放。

但是高铁的人均排放量可能会有很大差异，这主要取决于旅行的长度、当地电网的电力来源和车辆的乘客人数。

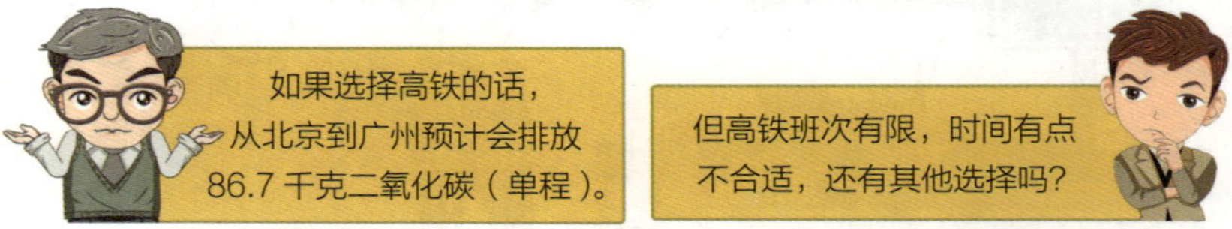

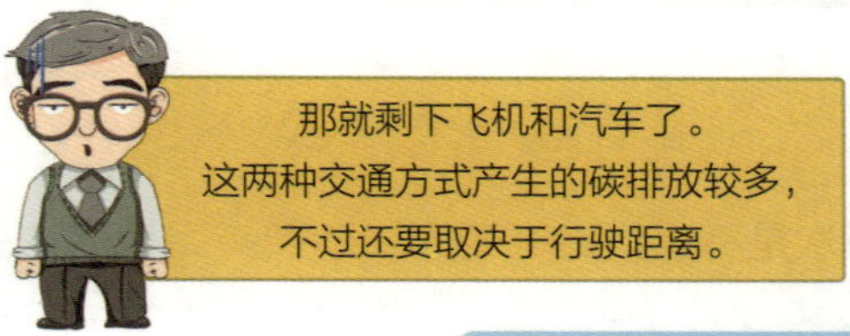

如果旅行距离适中（<1000 千米），那么乘飞机的碳足迹要比开车高。如果距离更远（>1000 千米），那么乘飞机的碳足迹会更低。像北京到广州（约 2114 千米）属于长距离旅行，乘飞机每千米的碳足迹约为 150 克，而开车每千米的碳足迹为 192 克。

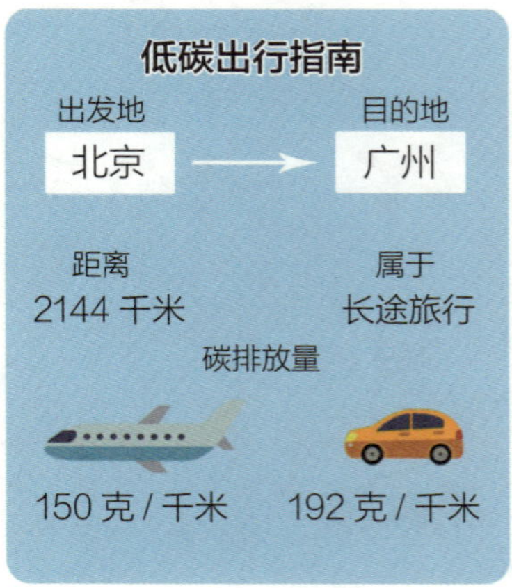

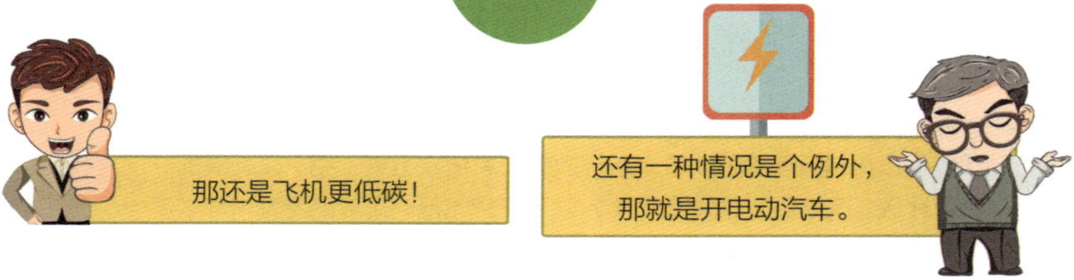

开电动汽车的碳足迹取决于当地的电网排放因子，如果当地的电力是由核能或可再生能源提供的，那么电动汽车的碳足迹会更低。

目前，以全国电网排放因子 0.53 千克二氧化碳 / 千瓦时计算，电动汽车每千米的碳足迹仅有 85 克。

低碳旅行小口诀：

有高铁，选高铁；

短途行，选汽车；

长途行，选飞机。

旅行碳足迹（2018 年）

旅行碳足迹是以每位乘客旅行 1 千米所排放的二氧化碳当量（克）来衡量的，既包括二氧化碳，又包括其他温室气体，以及高空飞行中排放的温室气体。

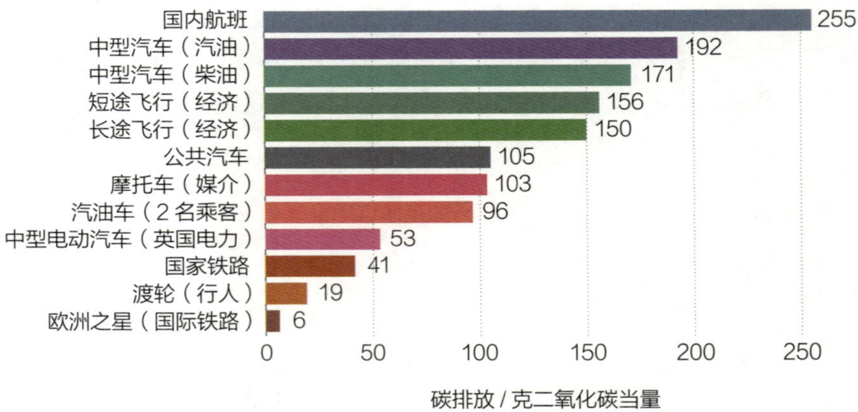

参考文献

[1] 中国城市温室气体工作组.中国产品全生命周期温室气体排放系数集（2022）[R/OL]. 北京: 2022. http://lca.cityghg.com/.

[2] Our World in Data. Which form of transport has the smallest carbon footprint? [EB/OL]. (2020-10-03) [2022-12-11]. https://ourworldindata.org/travel-carbon-footprint.

[3] Our World in Data. Cars, planes, trains: where do CO_2 emissions from transport come from? [EB/OL]. (2020-10-06) [2022-12-11]. https://ourworldindata.org/co$_2$-emissions-from-transport.

听听老司机的“低碳驾驶法”

1 保持理想行驶速度。

每种车型都有其最佳的经济速度，绝大多数车辆的理想行驶速度是50 ～ 80 千米 / 时。若超过理想时速 10 千米 / 时，每行驶 100 千米，燃油就会增加 0.5 升，碳排放就会增加 2.26 千克。

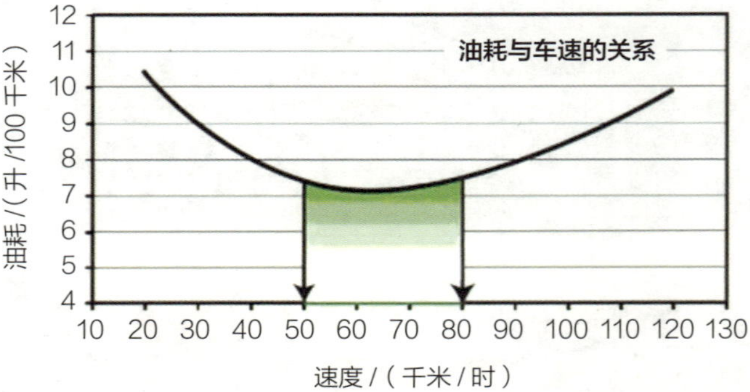

2 载重不要过多。

车辆越“轻巧”，碳排放越少。

有人把车当一个“家”，什么东西都往上放。载重增加就会多耗费燃油，也就加剧了碳排放。

每增加 10 千克物重就需要增加相应的“动力”，即每百公里要多消耗燃油 10 克，也会增加 0.03 千克二氧化碳排放。

而且从省油减碳的角度来说，尽量不要选择那些带有行李架的车辆。

除了刚刚提到的重量原因，由于空气阻力，使用车顶行李架的车辆会消耗更多的能量，油耗损失为 0 ～ 25%。

车顶行李架的碳排放有多少?

据劳伦斯伯克利国家实验室计算，2015年，美国车顶行李架占轻型汽车燃料消耗量的0.8%，即1亿加仑（3.785亿升）汽油，约排放89万吨二氧化碳。

3 保持充分的车间距，行车防“路怒”。

城市道路上车多、速度慢，堵车是常事。遇到这种情况，要保持好心态，不急不躁，不能为防止其他车“插队”而猛加油或猛刹车。

尽量减少加速和制动的次数，可使油耗分别减少2%和6%左右。

4 保持平缓行驶，不要急起步和急刹车。

即便是自动挡，也应慢慢加速，让其平稳结合，不要速度没起来就猛加油。

轻踩油门，只需比平时更平缓地起步，就能降低 11% 左右的油耗。

5 注意空调使用。

使用空调会使汽油使用量增加 10%。在炎热的夏季，最好的方法是在刚上车的几分钟先打开窗户让热空气排出，再轻轻吹空调，而且注意不要将温度设定得过低。

参考文献

[1] 中国城市温室气体工作组.中国产品全生命周期温室气体排放系数集（2022）[R/OL]. 北京: 2022. http://lca.cityghg.com/.

[2] Chen Y, Meier A. Fuel consumption impacts of auto roof racks [J]. Energy Policy, 2016, 92:325–333.

[3] Carbon Pirates. How to reduce Carbon emissions while driving[EB/OL]. (2021-04-13) [2022-12-05]. https://news.goodyear.eu/how-to-reduce-your-carbon-footprint-when-driving-a-car/.

[4] 18 Tips for reducing your car's carbon footprint [EB/OL]. (2021-03-23) [2022-12-05]. https://www.defensivedriving.org/dmv-handbook/18-tips-for-reducing-your-cars-carbon-footprint/.

骑上它，你就是路上最“绿”的崽！

都说步行和骑行是最低碳的出行方式。

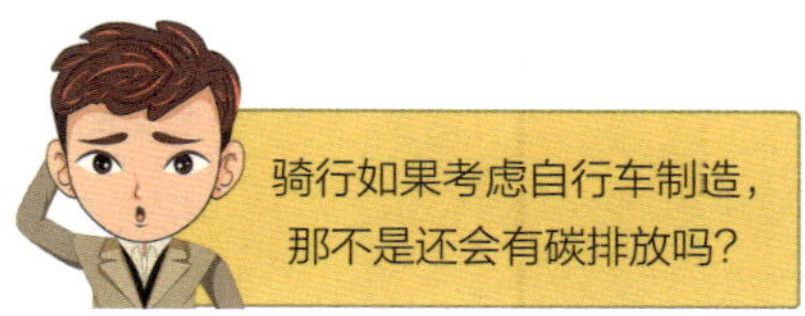

首先，车辆生产环节的碳排放。

一辆共享单车在生产过程中的碳排放包括单车车架、外胎、链条等零部件及一些铝合金、塑料、铁 / 铝合金、铝 / 镁合金、铁等原材料获取过程的碳排放，以及烤漆、组装等车辆生产制造过程和仓储过程中使用能源的碳排放。

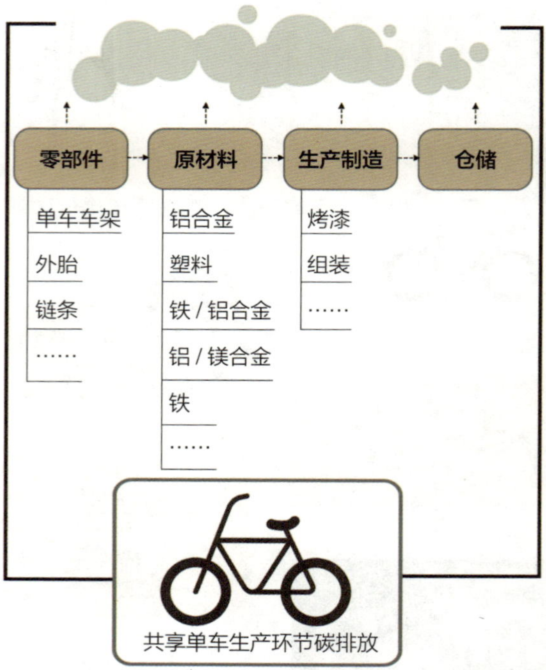

以美团共享单车为例，生产一辆共享单车，其原材料获取将排放101.53千克二氧化碳当量，生产制造阶段将排放2.17千克二氧化碳当量。

其次，在车辆使用阶段也有少量的排放。

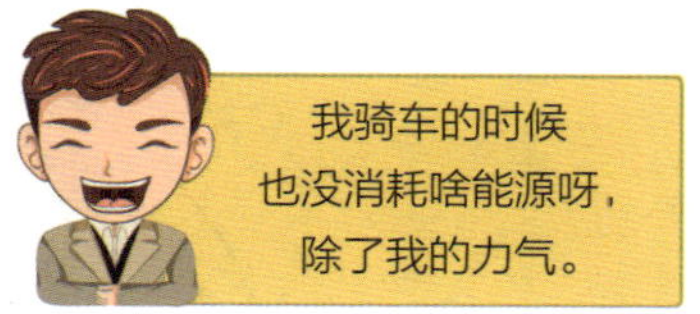

共享单车在使用阶段产生的碳排放包括单车调配运输产生的碳排放和数据中心的碳排放。

单车调配运输

数据中心

同样以美团共享单车为例，按车辆生命周期为 4 年计算，平均一辆共享单车在调度和服务器使用方面共排放 9.28 千克二氧化碳当量。

一辆共享单车全生命周期的碳足迹为 112.98 千克二氧化碳当量，需要 6 棵树吸收一年才能将其中和掉。

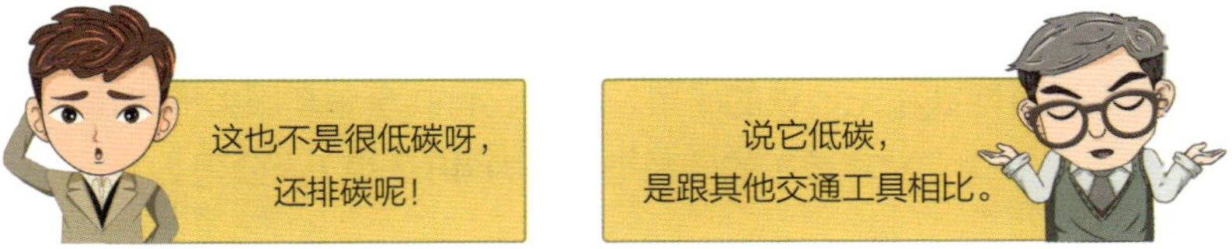

骑车可以替代开车等其他出行方式，开车的碳排放量是骑车的 16 倍。

在共享单车出行中，有超过 31% 的出行替代了以小汽车为主的高碳出行。

综合考虑有地铁和无地铁的场景，基于已有共享单车服务的城市加权平均，共享单车的碳减排因子为 48.7 克 / 人公里。

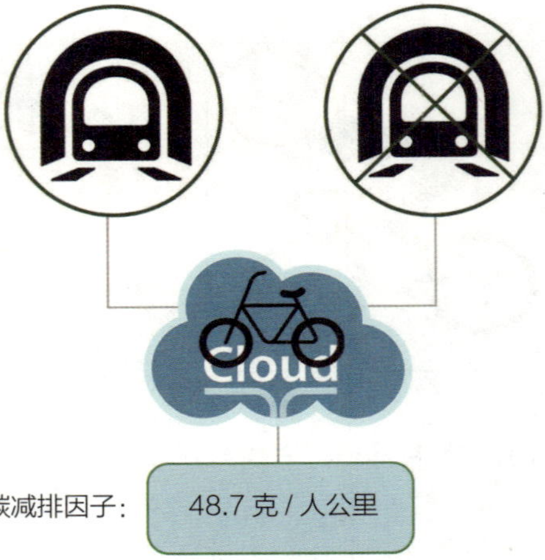

也就是说，一个人每骑 1 千米就可以减排 48.7 克二氧化碳。

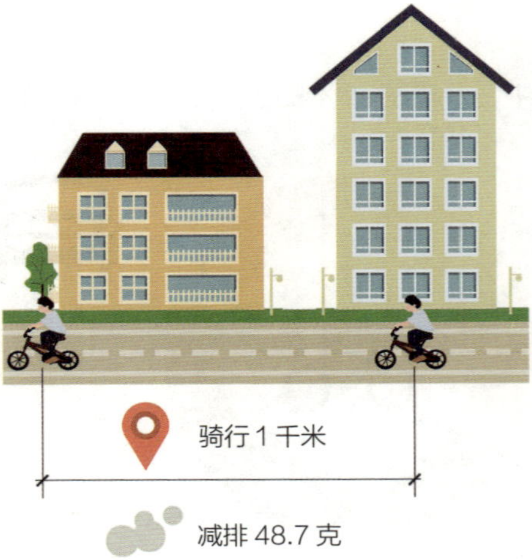

最后，还有回收利用阶段的减排量。

目前，废旧车辆中的聚丙烯（PP）塑料、铝、铁、镁均可进行回收再利用。通过这些材料的循环再生，一辆共享单车在回收处置阶段可实现 84.02 千克二氧化碳当量的减排量。

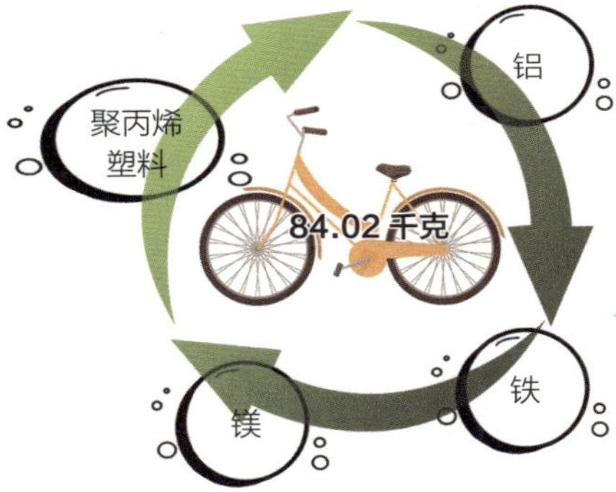

考虑到共享单车一般有 4 年的寿命，总行驶里程大约 4983 千米，在其全生命周期内预计将减排 213.7 千克二氧化碳当量。

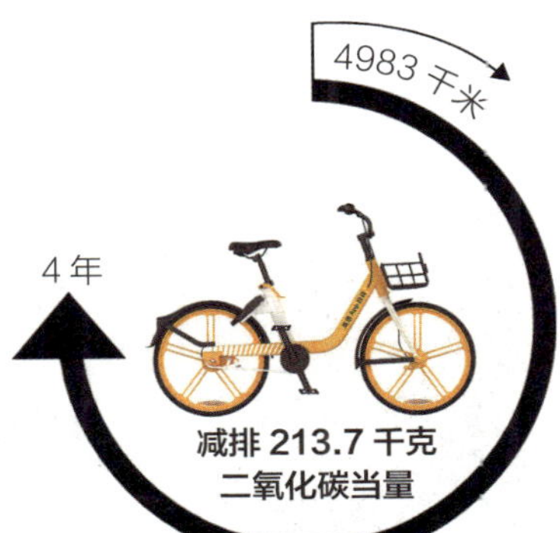

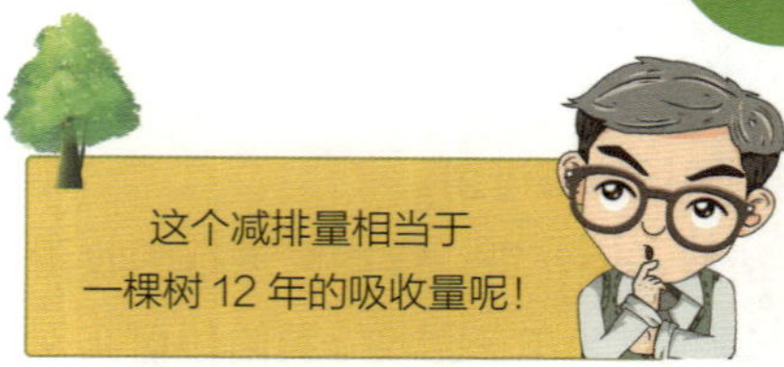

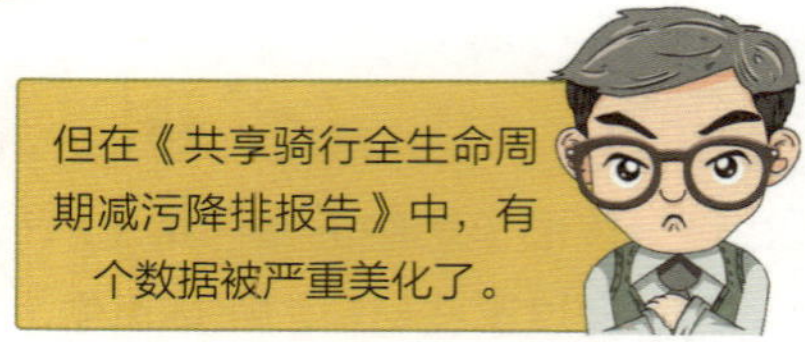

报告中假设废旧车辆中的聚丙烯塑料、铝、铁、镁均进行了回收再利用，但实际上共享单车的回收率很低。

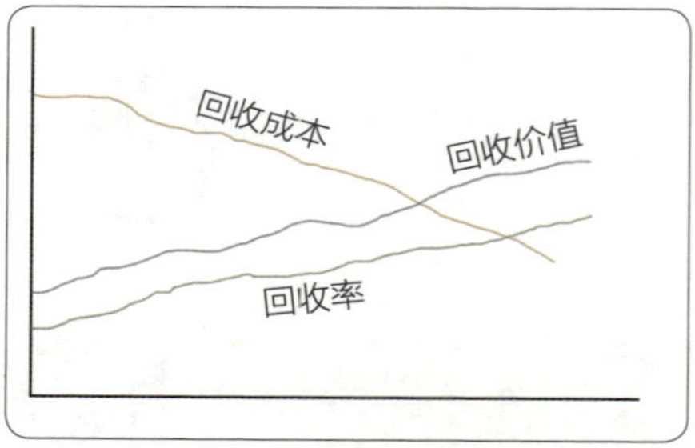

共享单车回收情况

以红极一时的 ofo 为例，造价 700 元的单车回收不到 15 元。只有车身上的废铁值钱，有回收市场。

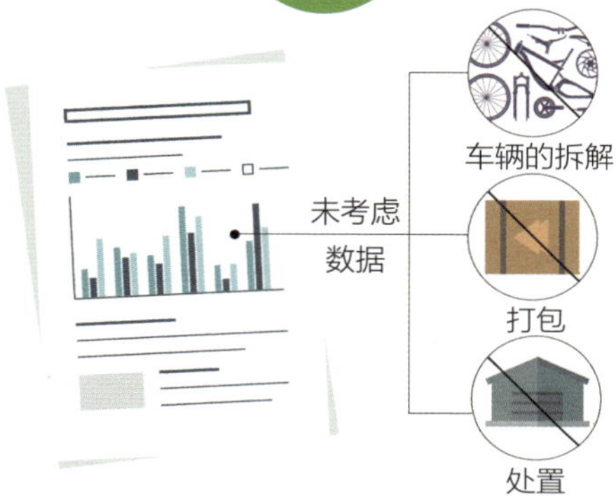

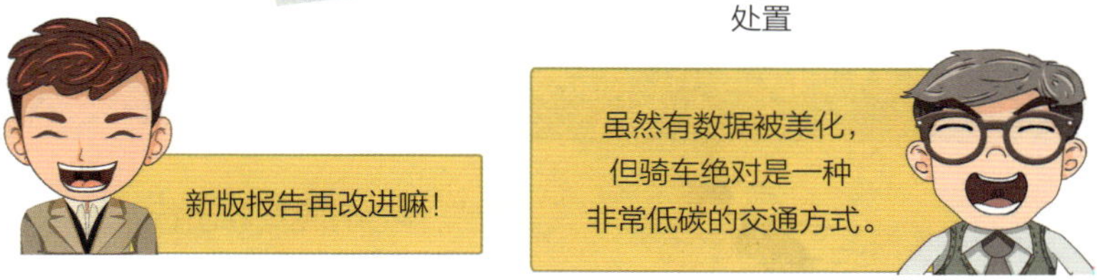

2022 年 3 月 15 日，联合国大会通过“把自行车作为应对气候变化手段”的决议，呼吁联合国成员国“在发展中国家和发达国家的城市和农村将自行车融入公共交通”。

参考文献

[1] 中国城市温室气体工作组.中国产品全生命周期温室气体排放系数集（2022）[R/OL]. 北京: 2022. http://lca.cityghg.com/.

[2] 生态环境部环境发展中心，中环联合认证中心. 共享骑行全生命周期减污降碳报告 [R]. 2022.

[3] Bobby Magil. Is bike sharing really climate friendly? [EB/OL]. (2014-09-15) [2022-12-22]. https://www.scientificamerican.com/article/is-bike-sharing-really-climate-friendly/.

[4] De Vann Sago, Bike sharing in China - from bicycle graveyards to a regulated industry [EB/OL]. (2020-04-29) [2022-12-22]. https://www.law.georgetown.edu/environmental-law-review/blog/bike-sharing-in-china-from-bicycle-graveyards-to-a-regulated-industry/.

[5] Paul Hormick. Can bicycle sharing reduce global carbon emissions? [EB/OL]. (2019-02-26) [2022-12-22]. https://www.downtoearth.org.in/blog/environment/can-bicycle-sharing-reduce-global-carbon-emissions--63373.

绿色出行新方式，一起"共享"一下吧！

为响应低碳出行方式，中伍开始骑车上下班。

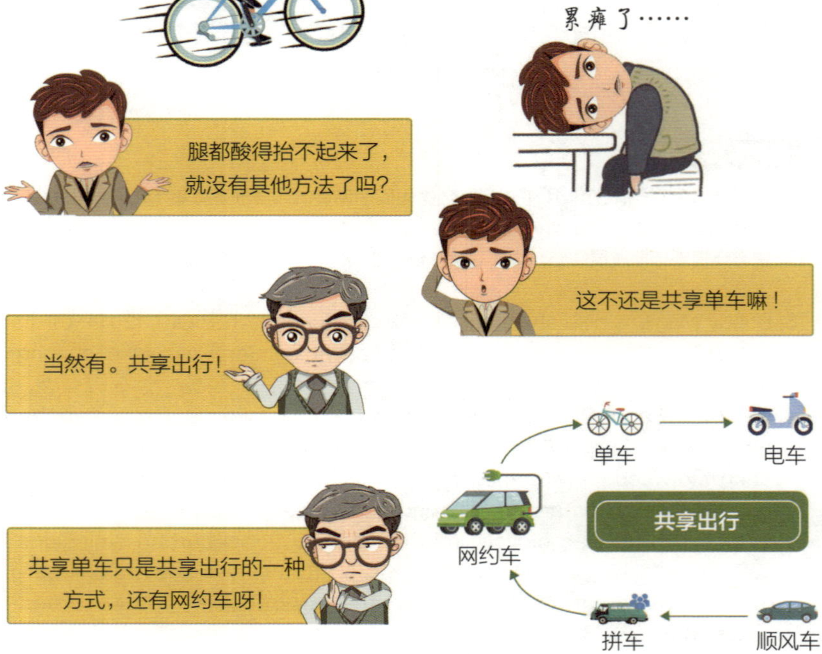

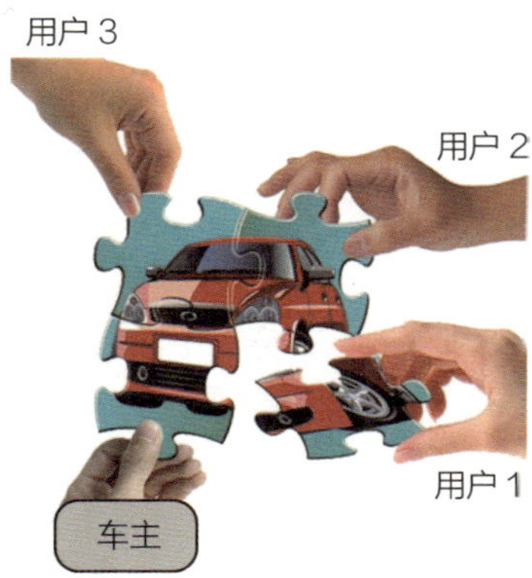

顺风车通过私家车主顺路分享空座位来减少空载，从而降低出行碳排放。顺风车碳减排并不需要进行交通系统变革，也不需要以新能源汽车为前提。

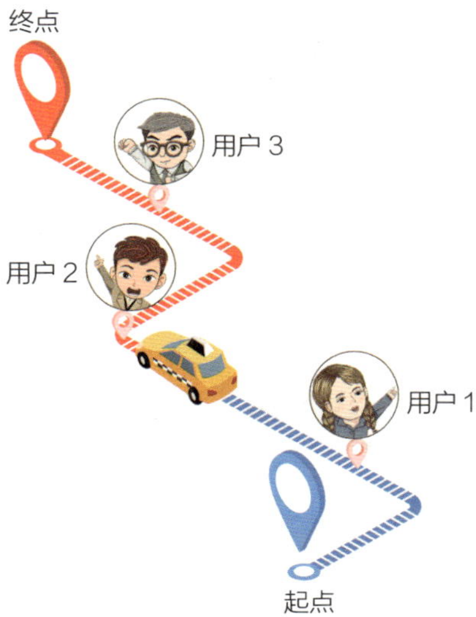

每一个顺风车订单都是在助力碳减排：顺风出行越多，减碳量就越大；参与用户越多，减排效率就越高。

2021 年 12 月，顺风车碳减排团体标准——《私人小客车合乘出行项目温室气体减排量评估技术规范》正式发布。

通过计算，2021 年全年嘀嗒顺风车 2.05 亿用户的总减碳量为 114.5 万吨，相当于建设了 200 万亩造林绿化工程。其中，城市内订单减碳量约为 50 万吨，城际订单减碳量约为 64.5 万吨。

按照平均使用频次计算，嘀嗒顺风车用户平均个人单日减碳量约为 9.86 千克，平均个人月度减碳量约为 19.89 千克，平均每千米可减少 173 克二氧化碳排放。

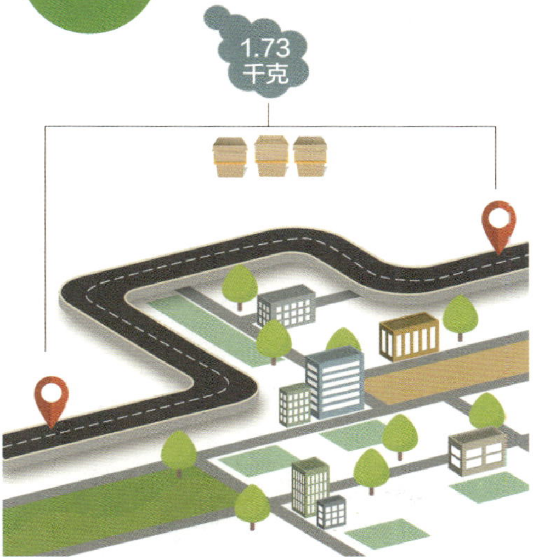

通过上下班通勤搭顺风车，一次通勤（以 10 千米举例）的减碳量约为 1.73 千克，可抵消 3.6 个外卖盒所产生的碳排放。

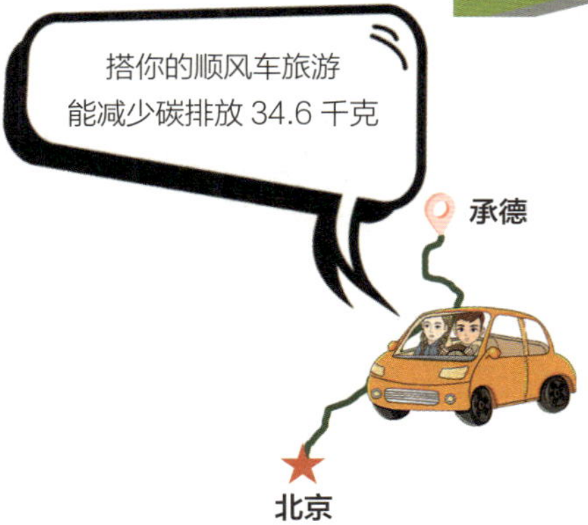

一次跨城短途旅行（以 200 千米举例）的减碳量为 34.6 千克，可抵消 17 立方米天然气燃烧所产生的碳排放。

一次假期中的远程返乡（以 500 千米举例）的减碳量为 86.5 千克，可抵消连续使用空调 139 小时所产生的碳排放。

国外的某些研究结果恰恰与之相反。

如果乘客拼的是燃油车，那么碳足迹会更高，并且拼燃油车正在取代大约 28% 的低排放出行方式——电动汽车、公共交通、自行车或步行等。

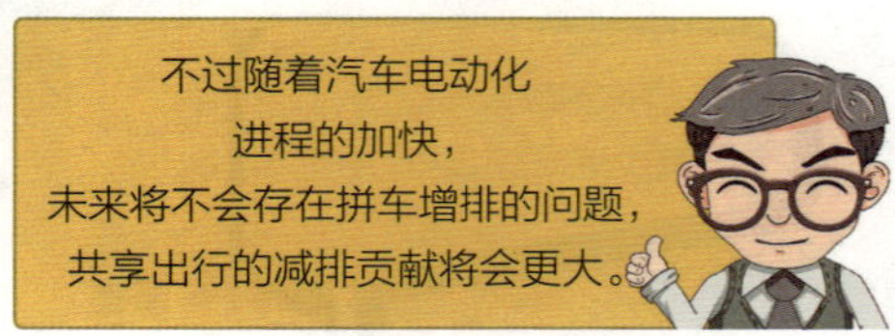

根据国际能源署（IEA）对全球 2050 年净零路径的预测，到 2030 年公众用车将从私家车转向共享汽车，全球可节省 1.85 亿吨二氧化碳。

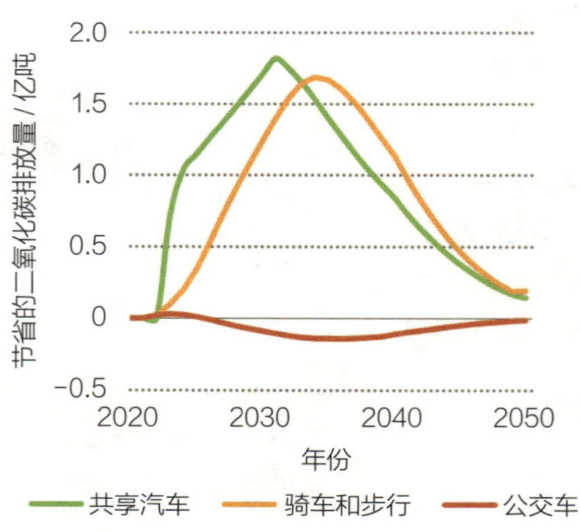

中国共享出行的市场规模在 2030 年将达到 2.25 万亿元，复合增长率在 20% ～ 28%。

参考文献

[1] 中国城市温室气体工作组.中国产品全生命周期温室气体排放系数集（2022）[R/OL]. 北京: 2022. http://lca.cityghg.com/.

[2] 嘀嗒出行. 顺风车“零碳出行”调研报告 [R]. 北京: 2022.

[3] 世界经济论坛，奥纬咨询. 应对中国气候挑战：为转型提供融资，实现净零未来 [R]. 北京: 2022.

[4] IEA. Net zero by 2050 a roadmap for the global energy sector [R]. 2021.

[5] Share a ride and reduce your carbon footprint [EB/OL]. (2019-04-02) [2022-12-22]. https://www.entrepreneurbusinessblog.com/2019/04/share-ride-reduce-carbon-footprint/.

挤地铁，这个通勤选择超绿色！

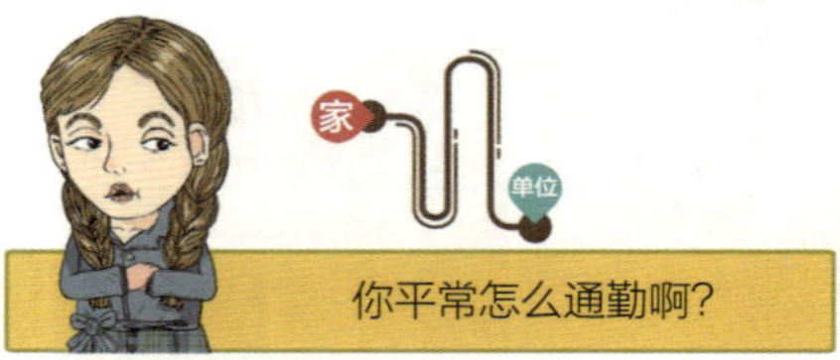

平均每人每千米（人公里）乘坐地铁只排放 15 克二氧化碳，而乘坐汽车（汽油车）每人每千米需要排放 150 克二氧化碳，即使是电动汽车，也需要排放 42 克二氧化碳。

地铁出行真不错，
如果大家都选择用地铁通勤
代替开车通勤就好啦！

是呀，地铁不仅本身使用的能源更清洁，还能不断降低人均通勤碳排放量呢，因为乘坐同一班次地铁的人越多，人均每千米的碳排放就越少。

人均通勤碳排放 =

也就是说，
咱们在地铁上感到越挤，
通勤碳排放量就越少？

可以这么理解。
有研究证明，当地铁载客量增加 20%，每人每千米的碳排放量会下降 17%。

哇，原来我在地铁上
每一分钟的“忍辱负重”
都是有用的，瞬间觉得
在地铁里练习
“单脚站立”也没什么了。

那就下班一起出发
坐地铁吧！路上咱们
再对不同人群的通勤碳
排放的差异一“碳”究竟。

什么？
通勤碳排放还有男女差异？

还有哪些因素
会影响通勤碳排放呢？

很多因素都有可能
导致通勤碳排放的差异。

出行方式

通勤距离

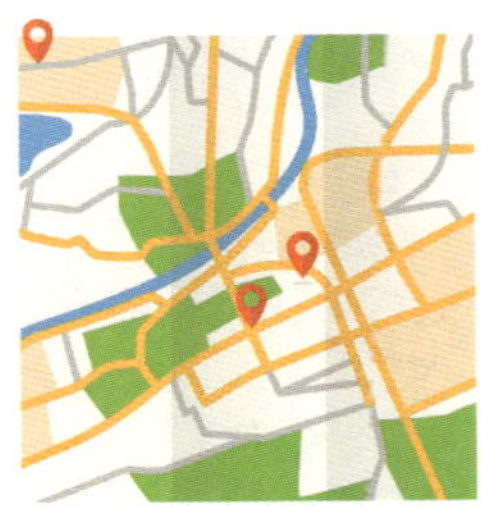

拥堵情况

原来是这样！
那不同情况的人群之间的
通勤碳排放也会不一样吧？

是的。例如从年龄上看，
中年人的通勤碳排放
就比青年人多。

哈哈，是因为步速的快慢吗？

当然不是。
其实还是和交通方式的
选择有很大关系。

相对于青年人而言，中年人更有可能拥有小汽车，从而产生更多的碳排放。

听起来很有趣！

还有更好玩的。调研显示，
男女的通勤碳排放也存在差异。

一般来说，男性的通勤碳排放量大于女性的通勤碳排放量，因为男性在汽车燃油方面消费更多。通过对国内外四个典型城市中男女通勤碳排放的核算，男性每次通勤的碳排放要比女性高 37%。

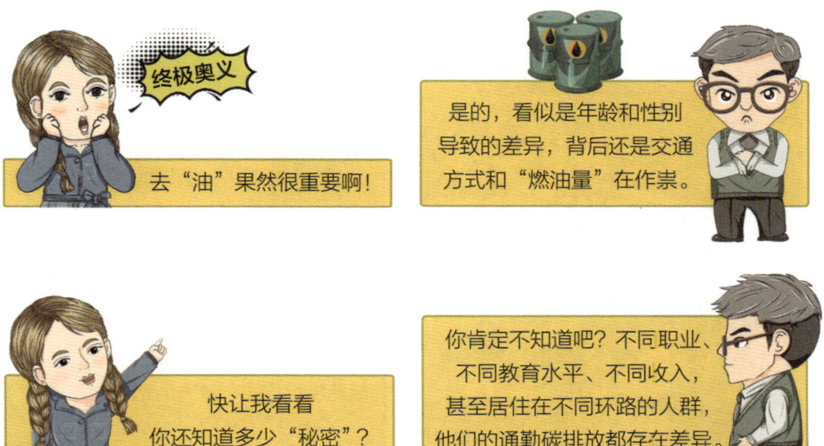

收入越高的人日常通勤的碳排放量就越高，因为收入的增长会促使居民增加出行总量，而且高收入家庭一般都有私家车这种高排放交通工具。
这些差异都是交通方式导致的吗？
不全是。和距离、出行次数都有关系，例如住在外环的人，通勤距离可能会更远，碳排放也会相应增加。
客观因素
明白了。掌握了这些，我就更知道应该如何低碳通勤啦！
总之，低碳出行的关键还是离不开低碳的交通方式，希望越来越多的人能够选择绿色出行方式，做一个充满“绿色”的打工人！